想不到≠不需要

给大脑安上一台发动机

[日] 大川隆法 著
金 羽/王 币 译

吉林出版集团股份有限公司

图书在版编目（CIP）数据

想不到≠不需要：给大脑安上一台发动机 /（日）大川隆法著；金羽，王币译. --长春：吉林出版集团股份有限公司，2016.11

ISBN 978-7-5534-7195-2

Ⅰ. ①想… Ⅱ. ①大… ②金… ③王… Ⅲ. ①创造能力 Ⅳ. ①G305

中国版本图书馆CIP数据核字（2016）第221456号

吉林省版权局著作权合同登记号：图字07-2015-4547

想不到≠不需要——给大脑安上一台发动机

XIANG BUDAO≠BU XUYAO——GEI DANAO AN SHANG YITAI FADONGJI

作　　者：（日）大川隆法
翻　　译：金　羽　王　币
责任编辑：金　昊
装帧设计：书情文化
出　　版：吉林出版集团股份有限公司
发　　行：吉林出版集团社科图书有限公司
电　　话：0431-86012745
印　　刷：长春新华印刷集团有限公司
开　　本：880mm × 1230mm　1/32
字　　数：120千字
印　　张：10
版　　次：2016年11月第1版
印　　次：2016年11月第1次印刷
书　　号：978-7-5534-7195-2
定　　价：42.80元

前　言

今后的时代，是一个不能再以过去的一切为基础来预判未来的时代。今日我们抛却昨日的成功，而今日的成功也将在明日化为泡影。唯有这样，我们才能被激励着去开拓更具创造性的未来。正因为如此，生活在未来的人们才能培育更多梦想的花朵。

我们在逐渐老去的过程中，每天都要与一股看不见的意图摧毁我们的力量做斗争。

一味墨守成规的人会像玛雅和阿兹特克文明那样，逐步走向灭亡。

我们要逆流而上。要知道，世间的评判标准一旦确定便意味着终结，我们要永远思考、去做与众不同的事情。机会终有一日将来到眼前，到时候我们要果断抓住机会，去开拓一条崭新的创造之路。

大川隆法

目 录

第一章

活出创造性

——将人生的附加价值提升百倍的方法

第二章

关于灵感和工作

——胸怀强烈的热情和“真剑胜负”的态度

第四章

灵感与自发的努力

——怎样成为富有创造性的人才

第五章

不可阻挡的新文明潮流

——黄金时代的创新

第六章

创造性头脑

——开启人生、组织以及国家的创造力

第七章

未来需要什么样的发明

第一章

活出创造性

——将人生的附加价值提升百倍的方法

1　灵感的本质

年过五十，我仍然保持好学的习惯

本章我们来谈一谈如何活出创造性。

日本的京都大学一直以培育出过多位诺贝尔奖获得者而闻名遐迩，日本的东京大学用了许多年也未曾赶上。

有人说在教育方式上，东京大学采取的是严进严出、揠苗助长、墨守成规的方式；而京都大学则主张自由教学，让学生自由自在地发挥想象力，因此，才培养出了诸多诺贝尔奖获得者。对于这个观点我表示赞同。

然而，自由的教育环境容易催生出两种极端，一部分人会充分地成长，而另一部分人则自甘堕落下去。一般来说，选择堕落的人会占大多数。

我的兄长曾是一名京都大学的学生，因此，我很了解京大的学风。他们通常以“不学习”为傲，甚至还有人会轻视那些勤奋学习的人。虽然这听起来很荒唐，但或许正是这种自由的学风，才会激发出更多具有创造性的学生的潜力。

还记得我快二十岁的时候，曾经遭受过一次学业上的“严酷洗礼”，自此之后我才明白，人生其实并没有想象中的那么简单，就好似逆水行舟，不进则退。或许，也正因为那段经历，我在学习上不敢有任何怠慢。所以直到现在，我虽已年过五十，但依旧保持着良好的学习习惯，甚至比我的孩子们更加勤奋地学习着。

有时候孩子们会问我："爸爸，为什么你都五十岁了还要学习呢？"我回答说："因为要学的东西太多了。"

在东京大学念书的时候，我求知若渴，毕业后仍然坚持学习。现在虽然已经毕业三十多年了，但我深刻地感悟到了什么叫"学海无涯"，所以想学的东西还是有很多很多。

一件事的失败，必有其客观上的原因，但我认为对于创业者来说，一路顺风顺水并非好事。一个人尝过失败的滋味，了解了世间的艰难，才会更加严格地要求自己，更加小心谨慎，也会更加明白努力的重要性。

所以，我始终坚持努力、上进，时刻不忘"忍耐"二字。

尽管从客观上来说，现在的我已经走上了一条成功之路，但我并没有因此而懈怠，因为我明白成功是没有尽头的。

一些可能引起大喜或大悲的大事件，往往会成为人生的转折点。这些转折点有时会发生在成家立业、一夜暴富之类的喜事上；有时也会发生在亲人去世、家庭出现重大变故等哀伤的事情上。人生会伴随着这些喜怒哀乐的“异常体验”而发生变化。想拥有创造性的人生，就要明白这些道理。

假如当下你正处于某些困境之中，千万不要消极对待，要把它当成奋发图强的推动力。

灵感来自于挥汗如雨、坚持不懈的努力

说起活出创造性这个话题，大家往往会联想到汤川

秀树[*]那样的天才。可是，单靠灵感能创造出独一无二的新事物吗？

虽然不能说完全没有可能，却也十分难得。

我曾在《青春的原点》一书中提到过，我是个非常注重自身努力的人。在经历过诸多磨难和坎坷后，我深刻地认识到，凭借自身的力量去立足，凭借自己的努力去开拓未来，这才是正途。

一个人只要能够做到积极主动地去努力，灵感就一定会降临。或许很多人对于这种说法不得其解，甚至还会有“要努力到何种程度，灵感才会降临”的疑惑。

其实，“灵感”本就是个非常虚幻的东西，它经常来去匆忙，稍纵即逝，而我却喜欢将它比喻成一种“引

---

* 汤川秀树[1907～1981]：日本物理学家，毕业于京都大学和大阪大学，历任京都帝国大学教授、东京帝国大学教授，1948年赴美国任哥伦比亚大学教授。他从电磁理论得到启发，于1935年提出了关于核子力的“介子理论”。1949年汤川秀树以其在核力的理论基础上预言了介子的存在而获诺贝尔物理学奖。1955年回国。他也是第一个获得诺贝尔奖的日本人。

导力”。人在努力和探索的过程中，往往会在不经意间洞察到事物的未来性，在无法预知结果的情况下，若还能继续积极努力地钻研下去，那灵感就会化作一种“引导力”，成为你的助力。

而相反，对于懒惰、堕落、骄傲自满的人来说，灵感是不会降临的。

因此，灵感会在你挥汗如雨、坚持不懈的努力过程中突然闪现。你想不劳而获，是绝对不可能的。

2　人际关系的调整也需要发明和发现

发挥创造性可以让离婚率降低

创造力的英文是“creative power”，指的是创造能力，它与想象力接近。

从零开始创造出新事物的“创造力”是一种非常重要的能力。

一个人的创造能力，无论是在自身的创业、择业中，还是在企业或集体工作生活中都是不可或缺的，因为它能够促使人创造出了不起的价值。

活出创造性，能够将人生的附加价值提升十倍，乃至百倍。

所谓的创造性，并不单单指工业、科技和机械上的发明创造。事实上，它早已渗透到人生的方方面面。

比如，一个家庭出现问题，夫妻双方都固执己见、争执不下，甚至还升级到离婚的地步。眼看婚姻关系快要破裂了，这时该怎么办？

如果其中一方能够在争执的过程中稍加转变，发挥创造性，减少矛盾的产生，说不定就能够让离婚的可能性降低。

处理家庭问题其实和处理工作是一样的，两者有着异曲同工之处。想要妥善地处理它们，要用创造性的思维去思考：有什么方法能够转变对方的想法。同时，当事者还需要换位思考，设身处地地为对方着想，努力去寻找解决之道。

要像我们平时处理工作、像爱迪生搞发明那样，不断地思考怎样建立美满的家庭，不断地提出各种各样的构想，尽可能地把方方面面都考虑周全，再结合正确处理问题的方法，这样就能将离婚的可能性降低。

不管是家庭还是企业，都有充分发挥创造性的空间

处理不好家庭问题的人，同样也处理不好职场的人际关系。

自己的问题要自己想办法解决。但是人难免会有疏忽，有时会因为一味坚持自己的想法而与他人发生摩擦，感觉自己跟对方合不来。

其实，事实并非如此。之所以在工作中会与人发生摩擦，主要还是因为自己的工作做得不够充分。

哈佛大学在很久之前曾经针对公司解雇员工的原因

做过一次调查。根据调查结果我们发现，因能力不足遭到解雇的人占30%多，而剩下的60%多竟然都是因为“无法处理好人际关系”而被解雇的。这份调查充分说明“员工由于处理不好人际关系而不得不离开公司”的情况也常常发生在美国。

所以说，调和人际关系亦需要“发明”和“发现”。要思考如何与合不来的人建立融洽的关系，思考如何在企业中建立良好的人际关系。这样做不仅能让你在企业中崭露头角，也能让你的工作进行得更顺畅。如果一个员工能与同事们融洽相处，那么想要在工作中有所作为，也就指日可待了。

不要认为身在一个团队里就发挥不出个人的创造性，也不要认为捏土造物才算是真正发挥创造性，更不要认为在家庭生活中没有发挥创造性的必要。事实上，在这些地方都有充分发挥个人创造性的空间。

3　发挥创造性的要点

摒除固有观念，回归白纸心态去自由发挥

之前，我提到了创造性在家庭和工作中起到的作用，那接下来，我就“如何发挥出创造性”这一问题，具体谈一谈。

首先，要想创造出前所未有的新事物，就要有打破陈规的崭新构想。要想做到这一点，就需要我们摒除固有和陈旧的观念，同时还要学会倾听他人的意见。

如果你的思想总是被“父母是这么教的”“别人都是这么做的”“公司向来如此”等固有观念束缚着的话，就不能自由地发挥出创造力了。

唯有在摒除固有的观念、抛却一切私心杂念，并回归到一张白纸的状态下，才会有更大的空间去描绘一幅幅崭新的画面。

职场人际关系问题、业务开拓的问题或者是家庭问题也是一样的，我们要先摒除固有的观念，才能有更多的余地去思考、去寻找问题的答案或者解决之道。

多思多想，完善构想

如何才能获得崭新的构想？要做到这一点，我们就必须多思多想，只有当想法累积到了一定的量，才会有“由量变到质变”的突破。

最初的构想未必是最好的，所以要尽可能多地提出些不同的构想，并在几十甚至是几百个想法中甄选出最佳方案。当然，如果突然间冒出了一个不错的想法，也不用急于下结论，可以再多思考一下，尽可能地完善它，将它转化为更好的方案。所以说，坚持不懈地思考非常重要。

每个人都能想出好点子，即便是家庭主妇，也会为了更好地照顾家人而想出许多好主意。从下厨做菜、整理房间到节省家庭开销；从改造服装、家具到为孩子挑选补习班，主妇们不断地重复从计划到实施的过程。

想要拥有一个富有创造性的头脑就要挑战自己的极限，看看自己究竟能拿出多少个点子并把它们写到纸上，想出一条写一条，直到再也想不出来为止。

工作上也是这样。比如接到顾客投诉时，要试着把所有能想到的解决办法都写下来，最终一定能从中找到最佳的处理方案。

所以，获得新构想的首要条件，就是要先追求“量”，再实现由“量”到“质”的转变。

面对人生路上的问题，要想尽所有的办法，先保证“量”，才能从几十种甚至几百种构想中选出良策。要不断地思考下去，在思考的过程中选择最好的方法。

这也并不是说要像“日行一善”那样机械地每天拿出一个新想法，而是要在遇到难解决的家庭问题、子女问题以及工作、企业经营的问题时不断思考，尽可能多地拿出新的解决办法。

大多数创业者都是想法丰富的人，没有想法的人很难在创业路上走下去。所以，在当今竞争激烈的生意场上，拼的是谁的想法更丰富。只有那些拥有创造性头脑的人，才能在事业上创造出新的附加价值。

除此之外，要成为想法丰富的人就需要时刻拥有“忧患意识”，更要提前做好应对各种情况的准备。

寻找解决方法势必需要一段准备时间，就像等待奶略成熟一样来等待想法慢慢发酵、成熟。

也就是说，是否能做到“尽可能多地拿出方案”和“不要急于下决定”这两点是非常重要的。

在思考的过程中，想法会一个一个地浮现出来并逐渐精练，然后结合在某个时刻突然闪现出的灵感，会渐渐转变为最佳的方案。所以，我们不要急于对某个问题下定论，要耐心等待构想成熟起来。

自由沟通，不批判他人的意见

人在独立思考的时候，不容易受到他人影响，而这也是我们产生构想的最佳状态。然而在与别人交流意见时，我们却很容易受他人的负面评价或怀疑态度的影响，否定自己原先的构想。

当一个想法被否定的时候，这对想法的提出者而言无疑是个非常沉重的打击。

就好比，在大家一起针对某个问题开会讨论的时候，如果有人刚提出意见就遭到类似“这种方法太不现实，绝对行不通”的批评，那么提出意见的人就不会再发言了。

所以，请不要过早地否定别人的意见。这是一条准则。

在寻找最佳方案的过程中，需要由很多很多的构想来支撑。在针对问题相互沟通的时候，不要急于批评甚至是否定别人的意见，这样非但找不到有效的解决方法，还会将有创意的想法扼杀在摇篮里。所以，一定要做到让每个人都能毫无顾虑地表达出自己的想法。

有没有创造力与职务高低没有关系，职务高的人未必就能提出好的方案。任何年龄、职务、性别的人都有可能提出最好的方案，所以要让大家都勇敢地说出自己的意见。通过相互沟通找到最佳方案，然后再去执行。

如果第一方案行不通，就修正方案，之后再尝试一次。在反复尝试、修正的过程中，工作就会变得非常易于推进。

上级如果不能让部下们自由表达意见，就会造成谁也不愿意开口的局面，所以，要在团队内部营造每个人都能自由表达意见的企业氛围。

总而言之，创造性构想是很重要的。好的构想能切实地推动企业的发展。管理者不能用职务或资历作为门槛来限制大家发言，要让每个人都有充分表达自己想法的权利。

要明白，当头一盆冷水似的一句话，有时会对他人造成沉重的打击。

比如，在夫妻交流中，丈夫想到了什么，刚说出来就被妻子一句“无聊”给堵回去了，这样做很容易影响夫妻感情。

丈夫认为可行的办法却立马被妻子用“不行”“以

前也发生过不是行不通吗”之类的话给否定掉，这就会让他觉得很扫兴，甚至对妻子的不耐烦或是敷衍的态度产生反感。类似的事情发生得多了，夫妻之间的龃龉也难免会多起来。由此造成的误会本可以避免。

综上所述，多思、多想并让构想成熟起来，以及不对他人的意见妄加批评，这几点都非常重要。

4　提高判断力和企划能力

交替发挥判断力和企划能力

从最基本的来说，工作需要两种能力：一是判断力，二是企划能力。这两种能力是决定一个人能否胜任工作的重要条件。

工作能力强的人都具备判断力，也就是判断什么行得通、什么行不通的能力。然而判断力与企划能力完全不同，两者难以共存，却又都是工作上必须具备的能力。缺乏企划能力的员工则无法革新，难以在新业务、新事业上取得成功，而判断力也是员工不可或缺的能力。

这两种能力往往难以同时施展。企划、创意需要自由地思考，而判断则需要集中精力、果断地下决定。

与企划、创意的能力不同，判断力是指一个人果断做出判断后推动业务进展的能力，这两者是完全不相交的平行线。一般来说，企业的经营工作更需要判断力，而判断正误，并不太需要天马行空的创造能力。

基本上，企业的发展需要企划能力与判断力共存，优秀的社长都必须同时具备这两种能力。然而，即便两者兼备，也难以同时施展。

企划、创意的灵感通常会在自己家里、咖啡店或者在聚会、散步等放松的状态下出现。像泡澡的时候、剃胡子的时候，又或是独处、心情完全放松的时候，人的头脑中都更容易闪现灵感。而好的判断则更容易出现在人精力集中、紧张的状态下。

因此，要通过更换对象或者场所，让两种能力同时施展出来。

比如做企划的时候要进行一场全员的头脑风暴，让更多的人参与进来，还要让参与者们自由地表达意见。如上面所说，不要被谁是课长，谁是部长、社长之类的上下级关系捆住手脚，要让大家放下身段自由地沟通。

与此同时，独自思考的空间对于创造力也很重要。比如独自钓鱼或散步，又或者在电影院、美术馆或咖啡厅等地方独自思考。创意的出现，更需要独处和相对封闭的空间。

而判断力一般需要高度的精神集中，所以，处在放松状态下的人很难做出最正确的判断。

虽然这两种能力相互矛盾，但只有同时具备这两种能力的人，才能获得成功。要让矛盾的双方共存，并交替发挥作用，这才是成功人士成功的秘诀。

集中精力做决策时创造性会降低

在灵感即将闪现的时候不要急于否定它，既不要否定自己的想法，也不要否定他人的意见。而此时，也是判断力降低的时候。因此，有些担任企业管理职务的人，会因为在闲暇时间写书而被公司解雇。

有些公司会明令禁止那些身处管理职位的人写书，尤其是社长。公司会有这样的规定，也是考虑到创作能力与判断能力完全不同。若人把精力放到写书上，势必会影响到在工作中的判断力。

虽然两者都属于个人能力的范畴，但它们的方向却截然相反，所以社长一旦开始写书，势必会影响到工作。

能够同时具备这两种能力的人很少。这样的人要么可以做到两种能力自由切换，要么就是有参谋在旁协助。

如果一个企业的社长开始写书或进行演讲活动，那么只有两种可能——不是他身边有优秀的参谋代为打理企业事务，就是有人代笔写书。这种现象在当今社会很普遍。

由于能够同时具备两种能力的人非常少，于是在两种能力之间自由切换就成了一种稀有的能力。不过这种切换一旦运用不好，就容易让两种能力都停留在“半吊子”的水平上。

在这里我再重申一遍，想要获取企划、创意的灵感，既可以独立思考，也可以集思广益。不要随意批评别人的意见，要把所有人的想法统统写下来，再从众多想法中选出最佳方案。

明年我有很多举办讲座的计划。在选择安排计划时，我首先会把构想写下来，累积到一定数量之后，再根据场次和演讲主题把构想整合起来。

然后，我会配合优先顺序以及计划在近几年出版的图书的主题，再逐步确定讲座计划。

5 活出创造性需要勇气

以上是创造性的秘密。最后，还有一个要点需要强调一下。

如前面所说，具有创造性的工作的成果往往也拥有非常高的附加价值。而缺乏创造性的人，也无法创造出有很高价值的成果。从这一点来看，培养创造性是帮助大家成为成功人士的方法。

但是，这需要一个先决条件。

具备创造性的人，性格和脾气都很善变。因此，这样的人势必需要在一段时期内忍受旁人的侧目与讥讽。由于这样的人总是会有一些异于常人的言行，因此他们往往是在学校、企业及其他团队中最受非议、最容易遭到打击的人。

不过，只要他们一旦做出了成绩，曾经的闲言碎语也会随之销声匿迹。即便在学校里被称为“奇怪的学生”，只要保持优秀的学习成绩，别人也就无话可说了；即便在公司里被称为“奇怪的员工”，只要拿优秀的业绩说话，便不会再遭到非议。

但在做出成绩之前，他们很容易被归为“异类”。因此，想要摆脱别人的非议，并在逆境中不断挺进，“勇气”便成了必备要素。

成为具备创造性的人，需要勇气；活出创造性，也需要勇气；提出奇思妙想并付诸行动、努力实现，更需要勇气。

要鼓起勇气，顶住别人的批评坚持向前。这就是我要强调的最后一个要点。

以上就是关于“活出创造性”的内容。

希望大家通过自由的创意和实际的行动，创造出极高的附加价值。

第二章

关于灵感和工作

——胸怀强烈的热情和“真剑胜负”的态度

1 灵感频现的地方

灵感频现的三个地方——马上、枕上、厕上

本章，我想讲述的主题是“想法与工作”。

由于这个主题很难将针对经营者、普通人、学生等各个对象人群的内容统一起来，所以我在此仅阐述总论。

日本自古有种说法，灵感频发的地方大抵有三个：马上、枕上、厕上，统称为“三上”。

根据这个传统的说法，在骑马的“马背上”、睡觉的“枕头上”和如厕的“厕上”是最容易获得灵感的地方。

首先说说“马上”。现代社会除了个别职业外，人们基本接触不到马，更别提将它作为代步工具了。所以，我在这里就把“马上”引申为汽车上、地铁上或飞机上。

在当今这个快节奏的社会中，很多人会把地铁车厢当成书房，甚至会特意乘坐清晨的首班车，并有效利用这上班途中的时间来学习；有的人还会在地铁车厢里写稿，还有的人会在飞机上用笔记本电脑工作。

也就是说，乘坐交通工具的时候脑海中常会闪现出灵感。

第二个是“枕上”。人在睡觉的时候脑子也是不闲着的，会浮现很多想法。有时候午睡时也会出现这种情况，不过毕竟夜晚的睡眠时间比较长，所以夜间获得灵感的机会更多。

我们常常会在睡眠中浮现出想法或者捕捉到灵感，当然了，这与你怎样度过晚间时光有关。如果你度过了一个喧闹的夜晚，可能就不会出现类似的情况了。一般来说，灵感往往会在黎明时分涌现出来。从凌晨4点到街上逐渐开始有人走动的清晨6点，这段时间既寂静又少有人打扰，人们更容易获得灵感。

因此，黎明时分是最容易捕捉到灵感的时间段。这时如果你醒着，一旦捕捉到了灵感，就要马上把它写到提前准备好的便签纸上保留下来。

所以说“枕上”是灵感频现的地方。

而提到“枕上”获得灵感，就让我想到一个非常著名的例子。汤川秀树，诺贝尔物理奖获得者，他的获奖课题“介子理论”，就是在睡眠时获得的灵感。

世间就是有这样的人，哪怕在睡觉的时候，也能发现介子理论之类深奥的原理。

还有，凯库勒也是在睡梦中发现“苯环的形状是‘龟甲’一样的六边形”的。他说自己梦见一条蛇，盘成一圈一圈地去咬自己的尾巴，由此联想到了环状构造。

所以说，我们要时刻在伸手可得的地方准备好用于记录的纸和笔，如果在睡梦中突然想到了什么，一睁开眼睛后就马上记录下来。因为，这种灵感总是一闪即逝的，如果不能在记忆尚且清楚的时候记下它，过一会儿它可能就被忘记了。

尤其对于经营者来说，能做到随时记录，这一点尤为重要。

企业的经营者由于长期处于过度操劳的状态，常常夜不能寐。偶有能安心睡觉的时候，也会因为梦到什么而在半夜突然惊醒。而在这种时候，往往是由于在梦中得到了什么启发，所以当时想到什么就要立刻记录下来。记录下来的东西虽然大多数不能直接派上用场，但在重新审视、提炼之后说不定有的可以为己所用。因此，随时记录也是必不可少的一个习惯。

我就有这样的习惯，当这些记录了想法和灵感的便签积累到一定数量后，我会把它们誊写在卡片上便于保存。等积累了一定数量的卡片后，再对卡片上的内容进行重新整理和归类，然后做成电子文档，并打印出来归档保存。

灵感频发的第三个地点是“厕上”。现代人大多使用坐式的马桶，有些人会在如厕的时候做各种各样的事情，比如思考、读书看报、学习英语等等。如厕时是独处的时间，也是可以灵活运用的有效时间之一。

洗手间算得上是一个可以独处的安静空间。当你想平复心情，或是想整理思绪的时候可以去洗手间暂时独处一下。

以上，就是俗话说的灵感频发的“三上”。

散步或身处安静的咖啡厅时是灵感频现的时刻

除了“三上”之外，散步也是容易获得灵感的方式之一。散步的时候，沿路不断变化的景色会让人暂时从生活的琐事中抽离出来，同时，散步能促进人体血液循环，让头脑供血充沛，使人思维更敏捷。所以我们往往能够在散步时获得灵感。

有时在散步之后，我们也更容易集中精力去阅读大量的书籍，或是探索出与工作有关的新想法。

因此对于现代人来说，散步是一种大有裨益的活动。

当然，除了散步之外，有经济能力的人可以去国外旅游。比如在海边静养身心，或是花上一整天的时间眺望海浪，也有同样的效果。如果没有经济能力，去游泳池边也可以，因为水可以让人平缓心情，放松身心。

除此之外，咖啡店也是个好去处。播放舒缓音乐的咖啡厅是个不错的选择，记住不要去那些嘈杂的地方。

以前日本有很多“名曲咖啡店”，我年轻的时候由于住的地方房间狭小，所以常常会去咖啡店学习。有时，还会直接去书店买上一大摞书，然后直接去咖啡厅，把当天的“战利品”通通堆在桌子上，边喝咖啡边一本一本地翻看，并从中挑出一两本开始认真阅读。那里音乐优美，音量刚好，是一个非常适合读书和消磨时间的地方。

在现代社会中，以上所述的这些场所都是容易获得灵感的地方。

2 强烈的愿望是灵感的催发剂

关于构想和灵感，下面来说说不同于一般的想法。

前面说到了容易获得灵感的“三上”，以及容易让灵感频现的地方，它们都具备的条件就是要使人身心放松。

比如，骑马时有节奏的晃动，会使人身心放松；同样，睡觉和如厕时也是人身心放松的时候。

泡澡时也是这样。尤其对女性而言，泡澡可以说是一种乐趣。有些商务人士疲惫的时候，会选择调暗浴室的灯光，焚上香或是点上蜡烛，然后在氤氲的气氛中将身体浸泡在浴缸里放松身心。

我们常说身心放松的时候容易获得灵感。然而，这里有一个前提，那就是已经“为了追求某个目标而不断研究、不断精进”，在这之后的放松时间，才是灵感频现的时间段。这点很重要。

放松并不是指一直闲着什么都不做，而是指拼命追求某个目标、坚持思考的人，在暂时脱离紧张工作时的放松时间。这才是最容易获得灵感的时刻。

也正因为如此，我才更重视身心放松之前的努力阶段。

在获得灵感之前，拥有“获得灵感的强烈愿望”是非常重要的。

因为人们往往在迫在眉睫的时刻，更容易想到问题的解决方法。

一般来说，经营者们时刻都在思考着，通过让头脑高速运转来想出点子、做出决断。这里的重点在于“迫在眉睫”四个字，换句话说也就是“强烈的愿望”。

松下幸之助曾经说过，是人们有了“想登上二楼”的强烈愿望，才发明出了梯子和楼梯，若没有这个推动力，谁也想不到去发明那种东西。如果没有这份热情，那建筑物永远就只有一层。

有了“无论如何都想做到”的强烈愿望，人们才会想出各种不同的新点子。

人们发明望远镜，是为了看清楚星星；人们发明了地铁和飞机，是为了更快地往来于两地之间；人们发明了火箭，是为了登上月球。

所以，首先要有强烈的愿望，因为它是灵感的催发剂。

拥有想要实现某个目标的强烈愿望，这个愿望就会像吸铁石一样，牵引出实现愿望所需要的构想。

比方说，有了想去国外的强烈愿望，就会好好学习外语，同时，也会产生很多与学好外语有关的其他想法。只有在一个人拥有了想要实现某个目标的强烈愿望后，这股动力才能助力他梦想成真。因此，我很看重这一点。

所以说“身心放松的时候灵感频现”，指的是以拥有强烈的愿望为前提所获得的结果。

希望大家都能胸怀这腔想要实现愿望的热情，这样就一定能催生出新的灵感。

当一个企业的社长有了“让企业规模发展到现在的十倍”的强烈愿望，他就会针对这个愿望迸发出几十、几百甚至上千个对企业发展有益的灵感和构想。

相反地，当一个人成天抱着得过且过的心态生活甚至工作，那就只会让灵感渐行渐远。

这是一种发展性的思维模式。反过来说，假设企业面临负债累累、濒临倒闭的局面，经营者必须想办法偿清债务。虽然对于企业来说这种局面意味着倒退，但这也是一种“迫在眉睫”，同样能够激发出经营者强烈的热情去想办法解决问题。

3 “真剑胜负”的态度中涌现创造性构想

对任何事都要持有“真剑胜负”的态度

获得灵感需要热情，但光有“热情”还不够，还需要严肃认真的态度。包括工作在内的任何事情我们都要严肃对待。

日语中有个词叫“真剑胜负”，原意是指持刀决斗。在决斗中输了，便意味着要赔上性命。因此，我们要抱着“一旦失败就要赔上性命”的想法，在面对问题时一定要考虑周全，哪怕再小的细节都不能放过，同时还要不断地提升自我的能力，努力朝着目标前进。

说起“真剑胜负”这个词，我就会联想到宫本武藏*，这个日本历史上最有名的剑客。有人说，日本当代的棒球选手铃木一郎颇有宫本武藏的风范，他们都是为了实现目标而经历过千锤百炼的人。

宫本武藏一生经历了六十多场战斗，无一败，这无疑是件非常了不起的事情。针对每一个对手，他都想出了相应的对战策略，所以在获取灵感方面，宫本武藏身上有许多值得我们借鉴的地方。

---

* 宫本武藏［1584～1645］：日本古代著名的剑术家，自13岁到29岁经历决斗60余次，无一失败。留有《兵道镜》等剑术著作。

宫本武藏对战吉冈道场时运用的兵法

关于宫本武藏的传说有很多很多。据说，他曾在京都著名的“吉冈道场”中，打败了吉冈兄弟。

与吉冈兄弟中的兄长吉冈清十郎交战时，宫本武藏用的是木刀。吉冈清十郎是剑术高手，他没想到武藏会用木刀迎战，宫本武藏正是抓住对方疑惑松懈的时机一举取胜的。

吉冈清十郎根本没想到武藏会用木刀迎战。他不明白，武藏为何会将练习时用的木刀当武器迎战。而就是在他内心产生出疑惑的一瞬间，武藏逮住了机会，出手迅速地用木刀击碎了吉冈清十郎的肩膀，使其失去战斗力从而获得胜利。

而与弟弟吉冈传七郎的交战时，武藏则是用真剑打败了对手。

这一下，身为京都第一道场的吉冈道场颜面尽失，众弟子决定合力找武藏报仇，并拥立吉冈清十郎的儿子为统领，双方约定在“一乘寺下松”决斗。

这时，宫本武藏需要以一己之力对战六十多人。一般来说这几乎是一场不可能获胜的战斗，而武藏却巧妙地运用兵法获得了胜利。

吉冈道场的弟子们以为宫本武藏会迟到，没想到他黎明前就来了，悄悄潜伏起来等待时机。这是一种突袭战法。

而后，宫本武藏突然出现，一举打倒敌人统领后马上逃走。

逃跑时，一旦被敌人团团围住，就必败无疑。宫本武藏深谙这一点。于是他逃进一条狭窄的小路，追过来的敌人只能一个一个与武藏对打。

这样一来，宫本武藏就没有了被围攻的危险。他逐个地打倒敌人，边打边逃。

严流岛的决杀

宫本武藏最著名的决斗当属与佐佐木小次郎的严流岛决斗。

决斗前夜，武藏不知所踪。其实他是为了不给举荐自己的人添麻烦而躲到了船宿里。

严流岛上敌人众多，他必须提前考虑好战胜小次郎后如何脱身。为了方便逃到海上，武藏特意选择在落潮时前往决斗地点以熟悉地形。

还有武器。佐佐木小次郎用的是被称为“晾衣竿”的长剑，而武藏没钱去定做比小次郎的“晾衣竿”更长的剑。

于是，武藏提前计算好了对手的剑有多长，用船桨做了一把更长的木刀来应战。他在船宿里把船桨一点点削成木刀，直到出发前的最后一刻才完成武器的准备工作。

以用船桨削成的木刀去迎战剑术高手，这太惊人了，对于普通人来说根本无法想象。

武藏的意图很明显，他企图在交手的第一招就打倒对手。

小次郎善用的是正手下劈，再反手向上斜斩的“燕返”剑法，而武藏擅长的是二刀流。但二刀流只能接住第一招却接不住反手第二招，无论怎么说他都没有胜算。所以武藏必须第一招就使出决杀拿下对手。这样做风险极大，倘若武藏第一招失手，则再无胜算。

想必，当时武藏在想到用船桨做成木刀的时候，就已经有决杀敌人的信心了。因为小次郎从来没有碰到过哪个对手使用比自己的剑更长的武器，所以武藏采用的这一招，也可以称之为是一种“出其不意”的心理战。

看到武藏拿着船桨削成的长木刀，小次郎必定大吃一惊吧。

毕竟是赌上性命的决斗，非生即死。用船桨削的木刀对战真剑的胜算其实是很小的，在做出这个决定的时候绝对需要莫大的勇气。倘若对手的剑极其锋利，一下子就把木刀砍断了，那迎战者必死无疑。

所以说，有时候绝境能迫使人想出史无前例的好点子。

企业经营也是“真剑胜负”的世界

前面说到了宫本武藏的例子，其实企业经营也是“真剑胜负”的世界。

宫本武藏一个人对战六十多人的局面，就相当于中小型企业对战巨型企业。就好比从IBM，日本的索尼、松下、日立等巨型企业中出来的员工，他们用从那些企业中学到的技术创造出来其他同类型商品，与巨型企业打擂台。

这也就相当于和对自己有恩的人狙战。在面对这种情况的时候，就要拿出“真剑胜负”的态度。

同样，在面对对方讨价还价、扬言取消合作的情况时，若没有“真剑胜负”的决心就想不出对策。越是把它当成决斗看待，“迎战者”头脑中越能频频涌现出应对之法。

企业经营也属于“真剑胜负”的世界。但是，在这之中，公平无私的精神极其重要。

要告诫自己，为了自家企业的成功和发展要不惜打败对手。如果抱有“尽管已经意识到竞争对手的产品优于自己，还是想把自己的产品卖出去”之类的想法是不对的，一定要坚信自己的产品是最好的。

社长“动真格”时，容易产生创造性的构想

接下来我想说的一点是，社长要懂得回报勤奋工作的员工们。身为经营者，倘若没有这份胸怀，与一流企业交锋时就会败在格局上。有的社长看到对方名头够响、精英够多，一副高不可攀的样子，便吓得败下阵来。

有个别的一流企业的青年精英看不起中小企业的社长，说起话来一副高高在上的模样。中小企业的社长前去洽谈业务，出面接待的只有主任、组长和一般员工，连课长级别的人员都没有，一句“我考虑考虑”就将人打发走了。

遇到这种情况，社长们要为了追随自己的那些拼命工作的员工们拿出“真剑胜负”的决心。

比如说，这些社长们可以挺直腰杆正面回击：“年

纪轻轻的怎么这么说话，我需要对五十个员工和他们的家庭负责，我在拼尽全力工作，你们怎么能这么瞧不起人！”

作为社长，一定要明白，名气大的是企业，二三十岁的年轻人能有多大的能力？对方只是虚张声势罢了。只要拿出“真剑胜负”的态度和决心，挺直了腰杆就一定能压制住对方并让对方信服。

有些经营者自作自受把自己逼到绝境，满脑子想的都是怎么逃避。然而，真正的经营者是具备“真剑胜负”的决心的，并且，他们的这份决心能够帮助他们挖掘自己的潜力，想出好的解决问题的办法。

多年来，我运用各种各样的智慧经营我的事业。不过在最近新入职的职员中，有些人并不知道这一点，以为在自己出生前就有了现在的这家公司，打自己有记忆以来公司就已经是一家大型企业。

我惊讶于这种时代的变化。他们以为公司发展至今已经很成熟了，可以高枕无忧了。却不知多年以来我与多少竞争对手交战过，在公司的发展过程中，我曾面临过多少难题和关卡，而我又是如何渡过的。显然，二十几岁的年轻职员们并不了解这些，因为在他们出生之前，公司就已经成立了，并且稳步发展至今。又或许是因为他们的父母都在公司任职，所以他们也有机会成为公司的一分子。

承蒙大家的信赖，我深感荣幸。但与此同时，我也感到一丝忧虑。我更要抱着“真剑胜负”的态度和决心，努力将公司做得更好，这样才能不辜负大家对我的信赖。

4　别人的批评是灵感的宝库

竞争对手和敌人是最好的老师

想来，独自统揽全局的中小企业的社长必是想法丰富的人，但也请务必不要忘记保持谦逊。

经营者总是爱吹牛。有些人无论企业规模多小，只要当上了社长便摆出一副不可一世的样子，这会让他们头脑中的灵感枯竭。

对于谦虚的人，信息情报就像从高处流向低处的水那样，源源不断地从众人处汇集而来，大家都愿意说出自己的意见。因此，经营者必须保持谦逊。

谁也不愿意对高高在上爱吹牛的人提出忠告，即便手上有对企业有利的信息也不愿意说出来。

想发展，就要谦虚，要善于倾听别人的意见。

社长的头衔确实是荣耀，然而职位较低的人也可以向职位高的人表达意见。在美国的总统选举上我们就能看出这一点。

总统是由职位比总统低的人选出来的，批评总统的也是他们。即便是普通人，也可以对候选人提出质疑。最终，所有人的意见会被整合起来，来决定总统的人选。

企业也是如此。地位较低的人可以对社长表达意见，甚至可以批评社长。即便是无法胜任社长的人，也有可能提出有建设性的意见。

只要心胸更广阔一些，你就会明白，没有比竞争对手和敌人更了解自己的人。所以，敌人才是你最好的老师。

工作中的“敌人”会成为你最好的老师，要随时留意他的攻击方向，因为他所攻击的地方就是你的弱点或有所欠缺的地方。要针对这些地方进行反思并改正，或者创造其他优势来弥补欠缺。

回顾过去，我发现别人对自己的不满、训斥、攻击，以及自己遭受过的屈辱和侮辱，居然成了完善自身的契机。

多年来，每当我身陷困境或者遭受攻击，我都用尽全力反击，最终战胜敌人来保护自己的公司。

遭受了攻击和批评之后，我从不轻易放过这个完善自身的机会，我会认真反省，克服弱点，时刻思考自己还能做些什么，让自己不在同一个问题上遭受第二次攻击。

灵感枯竭的根本原因在于社长的自满之心，希望大家引以为戒。

把批评当成审视自身的“镜子”

所谓高处不胜寒，一旦被冠以社长的头衔就很难再听到别人真实的想法和评价，即便你的想法已经太陈旧，灵感已经枯竭，也不会再有人提醒你了。

所以要乐于接受批评，拥有更加宽广的胸怀。否则企业的发展脚步也就到此为止了。

在这方面，不管是社长还是画家、摄影家、歌手，都是一样的。

作为歌手，获得的不光是赞美，还有批评。人们会直截了当地批评其嗓音不好、歌曲节奏掌握能力不好、长相难看等等。

很多长相一般的人都成了一流歌手。没有出众的外表却能登上电视荧屏，获得人气，是因为他们出色的歌唱水平，是因为他们用努力弥补了欠缺。

不管是对于社长还是普通人来说，接受批评都是痛苦的。要付出努力去做到这一点，在接受批评的时候，要把别人的批评记在脑子里，作为审视自身的“镜子”。

换句话说，有些批评者其实也能成为自己的老师。

我认为，即使批评者是自己的敌人或是竞争对手，如果他们能指出你身上的不足和欠缺，那么该改正的还是应该改正。因为，竞争对手和敌人的批评其实是在告诉我们当前应该做什么，而这些批评更能催生出好的想法。

遭遇失败要用谦虚的态度反省

每个人除了要面对竞争对手的批评，有时还要面临自己在工作、学习上的失败。

都说“失败是成功之母”，失败提醒了我们要改变现状、完善自身。失败是非常好的老师，要引起足够的重视。

松下幸之助曾经说过，连续的失败虽然难以承受，但连续的成功也很可怕。当一个人成功超过三次就要开始警惕了，因为人在经历过三次成功后，大多会因为骄傲自满而遭遇严重的失败。所以，每三次行动中有一次失败，应该算得上是件好事。

这样一来，我们就能够保持不松懈和谦虚的态度，认识到自己需要学习的还有很多，这显然是一件好事情。

有些事情从客观上看虽称不上是失败的，但知道自己明明能做得更好，而得到的结果却并没有那么好，就不妨将它视作是一次失败的经历，并以此为契机振作精神，继续努力。要养成思考“自己能不能做得更好”的习惯，这会帮助你进一步成长。

成功时扬扬得意、失败了闭口不提的人很容易变成骄傲自满的人，要格外当心。

虽说没必要刻意去失败，但身处逆境中的我们有机会好好反省一下。

关于灵感和工作的话题我们谈了这么多，希望能帮助大家找到获得灵感的方法。

第三章

让人生充满创造性

——开拓未来的逆向思维

1　摆脱困局的逆向思维

首先想一想“自己能做什么”

第三章，就让我们谈一谈关于“让人生充满创造性”这个主题。

这个主题可以从经济、经营等角度来阐述。但在这里，我想从另外一个角度，谈谈“转变思想”。

目前，世界上出现了一场全球性的经济萧条。虽然很多问题可以依靠国家政策来解决，但我想说的是，在那之前我们不妨先试着想一想“自己可以做些什么”。

针对如何摆脱经济萧条、如何重振企业以及其他类似问题，解决方法有很多。但从根本上来说，无一不是要依靠独特的创造力的。

不要墨守成规，要运用崭新的思维模式来思考或是转变思想。要学会从另一个角度来看待世界，这是非常重要的一点。

社会上出现倒退的倾向

2008年秋天爆发的全球性金融危机，引起了大范围的恐慌，连媒体也开始大肆渲染“贫穷的时代即将到来”。很久之前在日本国内流行过的小林多喜二的小说《蟹工船》，又重新登上了畅销榜首位。

我曾经读过这部小说，它描写的是捕蟹工人穷苦悲惨的生活。

由此看来，东西方冷战结束，人们的思想也提高了一个层次，可是社会却出现倒退回19世纪的倾向。

所以我要说的是：人类具备开拓人生道路的能力。

当然了，开拓人生会受到环境、制度和国家问题等诸多因素的影响。不过，克服障碍、开辟道路的关键在于个人能力，虽然也可以借鉴别人的观点和想法，但无论如何，我们都应该想一想，针对当今社会状况应采取怎样的思维模式，思考之后又应该采取哪种措施。

大家或许会因为企业经营不善、公司倒闭、收入减少、学习成绩不好以及健康不佳等各种情况而对未来怀揣不安，这种时候就要试着转变思想。

采取逆向思维

对待事物我们可以采取逆向思维。

从反方向思考问题，可以帮助你获得崭新的视角。想要获得崭新的视角，最简单的方法就是看看事物的反面，这么做可以提高开辟新局面的可能性。

针对这一点，我可以举一个再平常不过的例子来说明。好比说我们日常生活中必不可少的电视机，以前的电视机又大又重，搬运起来很困难，一个家庭主妇根本搬不动。我们不知道里面都装了什么，有时难免会想，电视机真的需要那么多零部件吗？实在太占地方了。但是，现在的电视机又轻又薄，还能挂在墙上，大大地节省了空间。

这个成功的例子，就是运用“把厚重的东西变轻薄”的逆向思维的代表。

有的创意是把小东西变大，有的则是把大的东西变小，比如手机之类的电子用品，现在变得越来越小巧了。

还有的创意是把慢的变快，把费劲的变省力。比方说以前常用的磁带，因为倒带很费时间，所以逐渐淡出了人们的视线，被CD所取代。

录像带非常占用收纳空间，所以，被既轻薄又不占空间的DVD取代了。

诸如此类的例子还有很多，因此，要针对最初的观念采取逆向思维，这样才能发明出更为实用和更便捷的东西。

除了电子产品之外，服装也是如此。我们从来都认为冬天应该穿厚衣服，夏天应该穿薄衣服。但如今，逛百货店的时候你就会发现，夏天的女装和冬天的女装几乎没区别。冬天为什么能穿这么薄的衣服呢？这是因为现在室内都有暖风，外出时只需要穿上一件厚外套就可以了。我在美国曾体验过美国人的这种穿衣方式，而如今，这样的方式在日本也很流行，这点给我留下了很深的印象。

我二十几岁时曾在纽约生活过一段时间，即便到了冬天，那里的人在办公室里也只是穿着短袖和夏装，当时我感到非常不可思议。后来我发现，办公室里暖风开得很足，地铁车厢里也非常暖和，于是我也就不再觉得在外套里面穿夏装很奇怪了。

在当时的日本，人们冬天必须穿上厚厚的衣服，上班挤地铁总是挤出满身的汗。现在，“冬天穿夏装”已经传入日本，服装的季节差异越来越小。

从相反的角度去看待“常识”也是一种创新。只要不断思考如何打破常规，就能找到很多问题的解决方法。

越是没用的东西越能卖出好价钱

拿手表作例子，现在的手表有很多种款式，甚至有的手表连指针都没有，仅用表盘上的两个点表示时间，中间的部分只是单纯的装饰。

原本手表是用来看时间的，它的作用就是在表盘上显示出正确的时间。而没有指针的手表，其作用也发生了改变。

实际上，在这种手表上根本看不出到底几点了，换句话来说，它已经失去了手表的作用，变成了一个饰品、一种时尚，毫无实用性可言。然而，往往越是这种制作精美的手表，售价就越高。

另外，最近还出现了一款完全展露内部构造的“骨架腕表”。传统的手表都是把乱糟糟的内部零件用表盘遮盖起来，而骨架腕表却反其道而行之，特意把内部构造完全展露出来。这种款式的表售价还相当高。

把在传统意义上应该遮盖起来的部分特意展露出来，用更高的价格卖出去，这就是颠覆常规的例子之一。

当今社会，越是“没用”的东西越能卖个好价钱。因为“没用”的东西不是必需品，所以使得它们自身产生了一种稀有价值。而且售价高利润率高，商家能借此大赚一笔。

由此看来，人们只盲目追求必需品的时代已经过去了，现在的商人应该从前所未有的东西和非必需品上寻找商机。

2　这么想就不会再担心货币升值

从电影《机器人总动员》看未来世界格局

2008年，动画电影《机器人总动员》上映了。这是一部由迪士尼电影公司和皮克斯动画工作室携手打造的CG动画片，号称“凝聚了七百年的感动”。

它讲述的是这样一个故事：在未来的地球上，看似是纽约的城市的街道上垃圾堆成山，严重的环境污染问题导致地球已经不再适合人类居住了。于是，人类乘坐巨大的宇宙飞船飞向太空。人们决定在地球变干净之前暂时在太空旅行，他们乘坐着豪华的宇宙飞船绕着地球一圈又一圈巡航。

虽然地球已经不再适合人类和动物居住，但还剩下一个叫作瓦力的小机器人在勤恳地清扫垃圾。装有太阳能电池的瓦力就这样忙碌了七百年，它坚持分装着垃圾，在废墟之间堆起一座座“高楼大厦”。

此时，人类却睡在悬浮在太空的太空舱里，吃着液体食物，在宇宙飞船里舒适地生活着。由于不再需要走路，人类的腿和脚开始退化，腰围也粗到上百公分。大家都躺在可以自动移动的椅子上，许许多多的机器人为他们服务。

人类在享受的同时，地球上仅剩的一台处理垃圾的机器人却在坚持勤勤恳恳地工作。或许是因为环境稍微有了起色，地球上竟长出了一株小小的树苗。

宇宙飞船时常会派遣探测机器人到地球上查看环境

状况，有一天，探测机器人伊娃把那棵植物带回了宇宙飞船。

人们想着“既然地球上已经能够长出植物了，那说明我们可以回家了”，于是人们搭乘宇宙飞船返回了地球。而在这期间，女性探测机器人伊娃和垃圾清扫机器人瓦力之间擦出了爱情的火花。

这就是影片讲述的新奇的故事。

毋庸置疑，影片影射了当今地球面临的环境问题，设想一下，假如未来的环境污染问题让地球不再适合居住，那人类将不得不逃离地球。

垃圾堆得像高楼大厦一样高的设定真是绝了，而“地球重新长出了植物”则是编剧设定的一个圆满的结局。

还有，宇宙飞船起初由船舵形状的机器人自动操控，最后舰长打败了机器人把宇宙飞船切换到手动驾驶模式，带领飞船上的人类返回地球。

简单来说，这是一个“回归人本，回归原始，重拾希望”的故事，与卢梭倡导的“回归自然”意义相通。迪士尼真是创作了一部非常具有思想性的影片。

通过影片，我们能够看出未来社会的格局，创造力让未来有了多种多样的可能性。未来既有可能因为环境污染，致使人类不得不逃离地球，也有可能整个地球完全不需要人类来工作，还有可能地球将转变成一个回归人本、回归自然的乌托邦世界。

关于货币升值的逆向思维

开拓未来需要创造性思维，其中一个方法就是进行完全颠覆传统的逆向思考。

比如在货币升值的问题上，有些人认为，货币升值会影响这个国家产品的出口，使得海外买家因为实际进货价的提高而放弃购买，使企业出现赤字，甚至会陷入经营困难。从短期上看，的确如此。

但如果能运用逆向思维来想一想的话，货币升值意味着货币的信用度上升，对持有该货币的人是有利的。

再进一步来说，美元逐步失去信用，未来其他国家的货币就有可能替代美元成为全球储备货币。

如果某种货币成为唯一一个有信用的币种，并由此取代美元成为全球储备货币，会怎样呢？

那将出现非常有趣的现象：国家的财政赤字将不再可怕，因为美国能够做到的事情其他国家也可以做到。今后，他们只要大量印刷本国的货币和发行银行债券就行了。

如果一个国家的货币成为世界上唯一一个有信用的币种，那么这个国家的人只要开动印钞机就能买到世界上任何一种商品。当某国的货币能成为“基础货币”，那就意味着，只要有纸和墨水，大面额的纸币想要多少就能印多少，而用这些钱去消费就等于拉动经济增长。

转变一下思想，就不会再担心货币升值了。只是，这并不是每个人都能做到的。

珠宝店销售额下滑的原因

同时，货币升值也意味着能用更低廉的价格买到国外的产品，这是把曾经舍不得买的商品买回家的好机会。

特别是汽车、珠宝等高价商品。太太们所钟爱的昂贵的珠宝首饰，在货币升值之后，就能用本国货币去其他国家，以较低的价格将其买下来。

当然，这样一来，有时也会出现其他麻烦。就好比在日本，珠宝店都贴着警察局的通知，上面写着“为了杜绝洗钱行为，使用现金超过两百万日元，必须实名制购买商品”。

之所以会有这样的规定，是为了防止一些人将偷来的钱或走私毒品获得的赃款兑换成高价贵金属的行为。

然而，行政机构擅自采取的这种行为，对于珠宝店来说是极大的“营业干扰”。

销售高价商品的店家都备有自动点钞机，这原本是为了彰显 “某些顾客在这里一次性消费了几百万日元的现金”，可“限购两百万日元”的标准一出，珠宝店就不再需要自动点钞机了。从此以后，高额消费只能刷信用卡，这么做必然会导致珠宝等商品的销售额下降。而且刷卡购物的话，信用卡公司要收取5%的手续费，相当于珠宝店的利润减少了5%。

现金用起来太不方便了，对于那些担心银行倒闭，觉得把钱放在家里最保险的人来说，就更不方便了。

而且，每条刷卡消费记录会被税务部门牢牢掌握，换句话来说，刷卡消费完全处于税务部门的监管之下。

这样一来，商家的销售额势必会受到影响。

从中我们还能看到另外一种意图，那就是政府企图抑制人们购买国外生产的高价商品。最终，利益受损的不是海外商家而是销售日本国产品牌的珠宝店，这使得他们陷入经营困境。有报道称，相关商家将“计划裁员30%”。

也就是说，这种做法影响到的反而是本国的企业。珠宝店向来现金消费比较多，大多使用自动点钞机，这样一来商家就不得不进行人员调整。

3 “贫穷平等幻想”蔓延的社会是不健康的

接下来我要说的是，19世纪平等主义的思想有复苏的倾向，社会上很多人都抱有“仇富”的思想。也正因为如此，人们开始抱有“贫穷平等”的幻想，每个人都想从政府那里得到好处。越来越多的人幻想着构建这样的社会。尤其是文人，他们已经开始七嘴八舌地讨论起来了。

但我认为，那不是一种健康的社会。

我去印度的时候参观了印度的佛教古迹，当时最头疼的是总有大批乞讨者围上来。他们凑过来不停问我要圆珠笔，大大妨碍了我的参观。他们一边嚷着“给我圆珠笔！给我圆珠笔！”一边追着我走，我走了三公里之后他们还跟在后面，令人不胜其烦。

我不希望世界变成那个样子。比起乞讨圆珠笔的人，我更希望买得起圆珠笔的人越来越多，希望社会成为一个大家都去勤奋工作、赚钱买圆珠笔的社会。这需要政府为人民提供接受教育的机会，教授他们赖以生存的技能。

光有买得起圆珠笔的人还不够，还需要有会做圆珠笔的人、会卖圆珠笔的人、需要有人能够创立大批量销售圆珠笔的企业。这才是让社会变得更加富足的发展正途。

不要忘记，如果大家都做着同样的事情，那社会将不会有半点进步，那么这样的“平等”也并不光荣。

培养不会“被批评打倒”的坚强个性

用前面提到的逆向思维来思考，比如今年流行长裙，那么只要让明年流行短裙，这样一来各式各样的裙子就都能卖得出去了。这是时尚界的规律。色彩上也是一样，今年流行红色，那明年就是绿色，然后是黑色、白色。幕后一定有人在引导潮流。

所以，我们要通过转变思想来开拓道路。

拿水果店来说，给橘子套上红色的网兜让它看起来更好吃就是一种发明。套上红色的网兜再打开橙色的电灯，橘子就显得格外水灵新鲜。第一个想到这个点子的人非常了不起。

再比如把卫生纸的一头叠成三角形的做法，最初这也是由一个人发明的。可能是某个酒店的员工为了更好地服务客人而想出来的方法。把卷筒卫生纸的一头叠成三角形会让人觉得像是在享受高水平的服务。

像这样不断创新，不断提升服务水平，道路就会越走越广。因此，不要被所谓的常识捆住手脚，要敢于挑战新事物。除此之外，逆向思维也很重要，把大的变小，把小的变大；有颜色的改变颜色；把快的变慢，把慢的变快——从相反的角度想一想有没有崭新的创意，这点很重要。

就像染头发一样，今天染成咖啡色，明天染成金色，后天又染成了紫色。美发师单凭一种手艺是难以在美发界立足的。不妨试着改改头发颜色，或将发型改变一下，也许给人的感觉就完全不同了。

本章阐述了如何“让人生充满创造力”。在经济萧条时期要把创造力当成战胜经济衰退的武器，这还需要我们培养自身不会“被批评打倒”的坚强个性。有了坚强的个性，我们就一定能开拓未来。

第四章

灵感与自发的努力

——怎样成为富有创造性的人才

1　坦然面对异于旁人

小学一年级时成绩落后的爱迪生

本章我们谈一谈灵感与自发的努力。

说到这个话题，我首先想到的是托马斯·爱迪生。

爱迪生上小学一年级的时候老师对他说：“你可以不用来学校了。”爱迪生的妈妈去学校询问原因，老师说这个孩子没有学习的天分，跟不上学习进度。老师的话让爱迪生母子大吃一惊。

才小学一年级，怎么能说孩子跟不上学习进度呢？一年级的小孩几乎还没有正式开始学习，其课程简单到连普通人都能给他们上课。翻翻日本的小学一年级的教科书，几乎全是插图和照片，文字零零散散的，根本称不上是教科书。小学一年级所有学科的课本大都是如此。

爱迪生在入学仅仅三个月的时候，就被老师说他没有学习的天分，这实在是太武断了。

爱迪生的妈妈不相信自己的亲生儿子有那么笨，她不信老师说的话，坚信自己的儿子是聪明的。于是从那以后，妈妈让爱迪生在家自学。

爱迪生式的天才，忘我地投入到喜欢的事情上

其实爱迪生不是没有学习的天分，只是不太合群而已。

小学的老师都要求学生认真听讲，认真看老师写在黑板上的内容，仔细听老师的讲解。

刚入学不听话、不老实的孩子往往会被老师视为差生，而乖乖听老师话的孩子被视为好学生。

然而像爱迪生那样的天才，即便在那个信息不流通、物资匮乏的年代，也总能忘我地投入到喜欢的事情上。只是以那个小学老师的水平，还不足以让她看出自己班级里竟然有一个天才。

这个例子说明，通常小学的老师缺乏发现天才的眼光。他们只看重学生是否听话，是否好好学习。

想必爱迪生的老师没有发现他是个天才。的确，天才诞生的概率跟陨石撞地球差不多。不听老师话，不按老师要求做的爱迪生，恐怕被老师当成了智障儿童。用现在的话来说，老师以为爱迪生是个注意力不集中、患有多动症（ADHD）或者学习障碍症（LD）的孩子。

其实事实并非如此，爱迪生只不过是把所有的兴趣和注意力都投入到自己感兴趣的事物上，对于不感兴趣的事物则毫不关心，因为他是个非常有个性的孩子。

对战争爆发毫不知情的理科博士

专注研究某个领域的科学研究人员大多也是如此。

爱迪生的行为若放在一个小学生的身上，确实有些奇怪。但是从科学家的角度来看，就一点都不奇怪了。有些研究人员会花费十年光阴在同一项研究课题上，这样一来，世上就会有很多类似的与社会脱节的人。

研究数学或者物理学等理工学科的人中，有很多奇人、怪人，他们会被别人戏称为“疯子”，他们会在某个领域中投入大量精力研究东西——哪怕是一些没用的东西。

比如在日本的明治时代，东京帝国大学有个专门研究天文学的理科博士，他整天泡在观测站里不出去，连日俄战争爆发了都不知道。文献上有明确的记载，那位博士是“由于忘我地研究，竟然连日本参与了战争都不知道”。

因此，自古就有“天才和疯子之间只有一步之遥”的说法。一般人无法理解天才的头脑。

所以，要坦然地接受自己异于常人的地方。

创造时代、推动时代发展的都是天赋异秉的人，是那些想法与一般人不同、大家向右他偏向左的人。

真正创造时代、推动时代的不是随大流的人，而是那些能提出前所未有的想法的人。

2 灵感所需要的“集中”和“放松”

勤奋努力的人要注意放松身心

很多人不了解天才，认为他们的头脑生来就与常人不同，更容易获得灵感。但是灵感是等不来的，需要先付出坚持不懈的努力才行。

换句话说，想捕捉到灵感，既需要集中也需要放松。该集中的时候集中，该放松的时候放松，这样的人才能获得“天才式”的灵感。

在自己的专业或工作上全心投入，不断努力、学习、进取的人，当他放松的时候就会有灵感降临。灵感会在他到海边观海或在公园散步等身心放松的时候突然闪现。

但也不能为了捕捉灵感，而像个流浪汉似的一直在公园散步。要获得具有创造性的灵感，就要日日朝着某个目标坚持努力。

在努力的过程中，有可能会像在睡梦中发现介子理论的诺贝尔奖获得者汤川秀树那样，在睡梦中找到灵感。

他躺在被窝里，一边与太太说着梦话，一边想到原子核中没有介子则计算不成立，所以介子必然存在。他就是这样的天才。

关于这些，他的太太并不知情，还以为丈夫想的是自己，没想到他脑中思考的却是原子核中是否存在介子这样的深奥问题。天才的生活大多是这样的。

持续思考就有可能在梦中获得灵感

化学中有个叫作“苯环”的结构。高中化学中讲到的龟甲形状的化学式就是苯环。

我在本书的第二章提到过，发现苯环结构的是化学家凯库勒。

在研究中，他一直在思考苯的分子构造。直到有一天，他梦到一条盘成一圈的蛇咬着自己的尾巴，由此获得了灵感。他发现这种构造形式最能解释心中的疑问，从而发现了龟甲形状的化学式。

在梦中获得的启发就是灵感。上面所说的，就是每天持续思考的人获得灵感的例子。

平时不努力，偶然间获得灵感的情况一生可能只有一两次，而且大多是没什么用的灵感。因此，在当下这个专业性极强的时代，要对某个领域具备一定程度的认识，才能获得相关的、有用的灵感。非专业人士在某专业领域偶得灵感并提出独特观点引起广泛关注的事情几乎不可能发生，一定是在某个专业领域坚持钻研下去的人才能在本专业做出成就。

普通人不明白天才在背后的努力，就像他们不知道天鹅在水面下多么努力地划水，只看到天鹅优雅地游在水面上。

用电影激发灵感的手冢治虫

手冢治虫是日本漫画界的代表人物，同时也是日本动画片制作的始祖。他是毕业于大阪大学医学部的高才生，仅在这一点上，他就大大地提高了漫画家的社会地位。

手冢治虫创作了大量的漫画，毋庸置疑，他是一名勤奋的漫画家。而他如此多产的背后隐藏的是什么？不用看他工作时在做什么，看一看他休息时在做什么就能找到答案。

据说，手冢治虫一年能看三百六十五部电影，也就是平均一天看一部。所以说，创造的灵感来自于各种想象不到的地方。

何况当时还没有DVD，他是不是每天去电影院看电影这我们不得而知，也可能他会在一天之内集中看几部电影。

即便是为了转换心情、放松身心去电影院，这样的频率算作是休息也太牵强了。他是为了工作才去的。

每年看365部电影，各种各样的故事和人物成为激发他创作灵感的源泉。说到他具体是怎么做到的，没有亲身体验的人是无法想象的，总之，用看电影的方式来激发自己的灵感，算得上是一种非常特别的方式了。

他在背后默默地坚持着，努力着。他说，迪士尼的著名电影《小鹿斑比》他看了足足80遍，这绝非常人能做到。除了参与动画片制作的人员之外，不会有人能把一部动画电影反复看上80遍。而他就是在反复观看影片的过程中，全面、详细地研究动画片的制作方法。

要知道，日本漫画界的先锋人物们都付出过相应的努力。

手冢治虫在世时我曾经见到过他一次。那时的我还是东京大学的一名大学生，学园祭*时手冢治虫受邀来东京大学进行了一场主题为“正义的盟友”的演讲。当时，他在黑板上画了很多漫画，演讲的内容也非常有趣。如此近距离地观察他，我能感觉到他是一位有趣且极具奇思妙想的人。

我想，对于能够成为学院派才子的人来说，拥有不同的视角，才能更容易激发自身的灵感。

---

* 学园祭：起源于日本，就是“校园里的节日”的意思，类似于中国的校园开放日，多以校庆为主。期间，学生和老师可以邀请其他学校的人前来参观、游玩。

3 培养能够接收灵感的能力

灵感与接收人的能力有关

如今，我的著作已经超过了1800部。虽然夸夸其谈有些不好意思，但在创作上，我的确受到过灵感的帮助。但是即便有了灵感的帮助，作为个人，也必须付出日积月累的努力。

我接收过许多来自外界的灵感，那些灵感的内容，与作为接收方的我的能力是相关联的。因此，不能凡事都遵照灵感进行，要联系自己的能力和要做的事情本身。这是创造上的一个秘密。

即便是能力较强的人，有的人不擅长写书，而有的人只能写出自己感兴趣的内容。基本上，很多人在写自己的看法时写上几本就写不下去了。

小说家也是这样。把自己的经历写成小说，最多写上一两本就没有素材了。然而，能创造出一系列作品的大作家却可以源源不断地写下去。他们是用学问的力量在写。

而我也是凭借着学问的力量创作至今，甚至以后也会继续努力创作下去。

结合专业知识，培养多个领域上的兴趣

但是，单凭学问的力量还不足以培养出创造力。

我在学习本专业知识的同时，也对其他很多领域感兴趣。我会去主动收集一些自己关注的、感兴趣的信息，并将这些信息与专业知识在各个方面相互融合，创造出更新奇的东西。

当然，在关注与当下和未来有关的信息的同时，也要知晓和接触一些古老的事物。除此之外，在关注国内时事的同时，也要关注国外的时事，学习用国内的眼光看国外，用国外的眼光审视国内。

还有一个重要问题：学问和研究的对象应该集中在一个领域，还是可以分散在多个领域中？关于这个问题，我也无法回答。不过，我可以谈谈我自己。目前在日本，学问和研究对象都被细分化了，所以，大家普遍会针对其中一项展开研究。而我则对很多领域都感兴趣，也对其中几个领域的内容很擅长。

因此，仅把我看作是某个专业领域的研究者的那些人，或许对我会有很多不理解的地方。对于日本的学者来说，我是个非常难以分析的人物。大家都不知道该如何将我定位。因为我同时涉足了几个领域，我所说所写的东西也涵盖了众多领域，所以他们不知道该怎么分析我。

很多日本学者认为，如果被研究的对象只精通某几个领域，这个人就非常容易分析了。按这样来说的话，我可能算得上是一个“怪胎”了。

我涉足的领域包含了经营学、成功学和国际形势分析等方方面面的内容。我不喜欢战争，却很擅长军事分析。我读过古典文献，又将宗教学的文献几乎全部通读了一遍，还能从社会学的角度看待宗教学。我还学过法律、政治、经济等专业知识，外语水平也还可以。

因此，对于许多学者来说，我是个极难研究的对象。

“让每个人都幸福”是原点

很多人不免会产生这样的疑惑：你如此广泛的兴趣是从何而来呢？答案就是我一贯的目标：我希望更多的人幸福。希望世界上每个人都幸福。这就是原因。

我把“幸福”作为关键词。“怎样创造幸福的社会”的论点跨越了所有学问的界限，这也是推动我涉足众多领域的动力。

比如，一些团体在日本举办防止自杀的活动。然而无论怎么号召公众，在经济萧条时期，自杀人数增加的情况还是难以避免的。

针对这个问题，我就需要在演讲中谈到避免企业倒闭的方法，教授大家如何成为优秀的员工。这也是一种预防措施。等到人自杀之后再祭拜他的灵位就已经太迟了，我们不能光在口头劝诫大家不要自杀，自杀情况需要提前预防。

有人会绞尽脑汁去想怎么做才不会被公司解雇。其实应该更进一步地去思考：如何成为一个能为公司带来更多利益的员工。

能为企业做出贡献的员工是不会被解雇的，因为他们都或多或少地富有创造性。只要具备独创性，企业的任何商品都能畅销。而能创造出这种“独创性商品”的员工，则是被全世界渴求的人才。

从这个意义上来讲，这部分内容也可以看作是“避免被公司解雇的方法”。成为富有创造性的人才就不会被解雇，在此基础上进一步发挥能力便可以独立创业，甚至开辟出一个崭新的产业领域。

4 如何取得具有创造性的工作成果

正确接收灵感的三个条件

①成为勤奋努力的人

要成为勤奋努力的人，这是最重要的。

那些缺乏勤奋努力的生活信条和生活态度的人所捕捉到的灵感，往往是没有多大用处的。因为，这样的人容易受到负面能量的影响。因此，他们获得的灵感往往很偏激，或者是缺乏可行性。所以，他们更需要在工作和学习上保持诚实勤勉的态度，从而来保护自己。不然，他们更容易在自己的建议被否定的时候走极端。

端正生活态度，培养正确的努力、进取的习惯，是非常重要的接收灵感的前提。

②涉足更深层次的领域

第二条是涉足更深层次的领域。

通常，灵感给人的感觉与普通的想法没什么区别。其实接收到灵感的人，就像在水面下拼命划水的天鹅一样，在别人看不到的地方默默地努力。

要把这种努力深入到更深层次的领域中去。也就是说，要把努力拓展到某个职业、某个立场上的人一般涉及不到的层面。要拓展努力的范围，并脚踏实地地努力。

③“信息过滤”和“信息收集”

第三条是信息过滤和信息收集。

在之前的内容中我曾提及过集中和放松很重要，而在信息爆炸的今天，有过滤信息的能力也是很有必要的。

创造崭新事物需要收集大量信息，但是，倘若信息像洪水一样突然涌来，也不利于人的创造，甚至还会因为信息泛滥，而造成信息收集者的信息消化不良。

现在是互联网时代，每天都会有成千上万条新闻，通过电脑、手机、报纸、电视等渠道来到你的眼前，充斥着你的生活。要创新，既要懂得收集有利用价值的情报，又要避免让信息像洪水一样泛滥。

坦率地说，现代社会能够灵活掌握信息过滤和信息收集方法的人，应该比较容易获得灵感。他们可以接收到灵感，并去做创造性的工作。

不要让信息泛滥，也别把时间白白浪费在没用的信息上，这会造成灵感匮乏。

19世纪的思想家凯雷的作品在日本明治、大正年间深受人们的欢迎。他说过一句话：“蜜蜂在黑暗中酿出蜂蜜，头脑在沉默中创造思想。” 蜜蜂的确是在黑暗中酿蜜，倘若暴露在明亮的光线中则容易被其他动物发现。

新渡户稻造在其所著的书中也曾引用过凯雷的这句话来阐述“沉默”的重要性。

因此，收集信息、扩充知识面固然重要，但适当地过滤信息，保留一些不受干扰的封闭的空间静静地思考、酿出思想的蜂蜜更重要。越是重要的创新，就越需要信息收集者有适当过滤信息的能力，做不到这一点的人，就只能陷入疲于奔命的困境。

一个想要有所创造的人要保留一定的封闭的空间、沉浸在黑暗中的时间和沉默的时间，我也在尽量保证留出这部分时间。

所以我从来对“场面上的事”能躲就躲，不让它们占去我的时间。事实上，我一直尽量把时间集中用在重要的事情上，不让惰性和人情往来占用我的时间。

要从无用的事情上把时间节省下来，并在“沉默”中探求灵感。

工作时不把时间浪费在没有创造性的事情上

在信息爆炸时代，人们既要面对信息泛滥的恶劣状况又要收集信息，这使工作难度增加。

我从原来的公司辞职并自己创业后，最高兴的就是不需要再接电话了。以前，我每天上班都要被上百个电话轰炸得头昏脑涨。接电话时我需要不停地动脑、说话，各种乱七八糟的信息也会从四面八方不断涌来，让人身心俱疲。

我还记得，那时候电脑还没有普及，而当时我身在财务部门，工作时不但要处理各种各样的数据，还要每天或者每周、每月、每半年制作公司的现金流量、资产负债、企业预算等表格。这些数据的统计和筛选都需要用到电脑。

因此，对我来说，那是个不幸的时期。我的工作是运用机器录入数字，制作表格，并确认数据是否正确，这些工作很花费时间。而于我而言，坐着录入数字、检查表格的工作，并不使我快乐，因为这样的工作没有创造性。

打字、录入数字之类的工作只是一般事务性的工作，我感到自己的时间被白白浪费了。我更想做些具有思想性、独创性的工作。

当时每逢月末我都要敲打计算机键盘直到午夜十二点，这令我筋疲力尽。每天我要花上几个钟头录入数字，打印出来的表格堆起来有十几米高，然后再逐一检查计算是否正确。我在这种工作上完全得不到成就感。

我觉得这不是我应该做的工作。虽说我需要赚钱养活自己，可我的想法有很多，做这种重复性的工作令我感到痛苦。所以辞职后，我感觉自己终于解脱了，并且有了非常强烈的幸福感。

虽然那时候的我暂时没有工作，经济上也比较困难，但每天“再也没有什么来占用我的时间了”的喜悦是无可替代的。再也没有电话打扰，我终于可以摊开稿纸写点什么了。

经过训练，读书可以很轻松

说到过滤信息，真的不容易做到。

我在过滤信息的同时也能收集信息，这与我平时大量阅读书籍有关。

比如说，我曾经以“灵感与自身的努力”为题举行了一场讲座。在讲座中，我向大家传授了我是如何搜集信息的，而本章内容正是以那场讲座为基础演变而来的。

我的阅读速度要比一般人快很多。因此，在讲座开始的前一天，由于我中午有会议，还需要见客人，我只好从下午才开始准备讲座的内容。为此，我看了二十本与讲座主题相关的书籍。虽然其中大多是我曾经读过的书，但在举行讲座的前一天，我还是整整读了二十本，并且在讲座当天的早上，我还在地铁里看了两本。

我认为，做好充分的准备是对前来听讲座的人最起码的尊重，是身为专业人士必须做到的。

我一天就能读这么多书，所以对我而言，只要给我一星期的时间，我就能大致了解一个陌生领域的基本知识。

每个人刚开始读书的时候都会感觉阅读没那么容易，但当阅读量达到上百本书的时候就会觉得轻松很多。当阅读量进一步增加，达到上千册的时候，读书就会像吃冰激凌一样简单，这就是训练的成果。

有时候看一本书，会出现怎么也读不下去的情况。这时，不妨想一想游泳选手。

普通人在游泳池里游上五十米就气喘吁吁了，但游泳选手却能像鱼儿游水那样轻松地游上几百米。正所谓习惯成自然，每天能游几公里的人，偶尔游个五十米根本是小菜一碟。

同游泳一样，读书也需要训练。

再比如学习骑自行车，一开始很吃力，不知道怎么找平衡，可一旦掌握技巧之后就会觉得很轻松了。

阅读也需要习惯，如果能掌握正确的阅读方法，那读书也会变得非常简单了。

用“同时处理”的方法来节省时间

接下来，我想说一下如何练习同时处理两件事情。

人每天可用的时间是有限的，如果把时间都用在做同一件事情上就太可惜了。换作是我，则会同时做两件或者是更多的事情。就好比，我会一边看书一边学习英语。

我用眼睛看书，用耳朵听英语。我常常看CNN和BBC的节目，可看电视太浪费时间，我会一边看电视一边读书。电视只需要偶尔看一眼画面就好，听声音就能基本知道内容，看一眼有代表性的画面就能掌握全部的内容了。

一边瞄一眼电视一边读书，两件事情同时进行，就节省了时间。如果做不到同时做两件或两件以上的事情，就很难把时间节省下来。

以前，同时做两件事情的人总被人批评说“一心二用”，会什么事情都做不好。然而在信息爆炸的当代社会，我们不得不采用这种方法来提高效率。

我常常观看外国电影，因为这样既能学习英语，又能放松心情。我还喜欢听音乐。读书时我会放各种各样的音乐来听，虽然不能像音乐评论家那样评判演奏者的演奏水平，但听过的曲目数我自己都无法统计了。

我这种同时兼顾几件事情的能力与圣德太子*比较接近。假使有几个人同时和我说话，我也能全部听清他们在说什么。这种能力只要经过训练就能掌握。

据说，接受过观察训练的运动员也拥有类似的能

---

* 圣德太子［公元574年～公元622年］：日本飞鸟时代的皇族、政治家，用明天皇的二子。作为推古天皇时的摄政太子，与苏我马子共同执政。圣德太子在国际局势紧张的情况下派遣遣隋使，引进中国的先进文化、制度，制定“冠位十二阶”和“十七条宪法”，意图建立以天皇为中心的中央集权国家体制。

力。有一次，已退役的足球运动员中田英寿受邀来到电视台，他在进入一个有十几个人的房间的瞬间就正确说出了房间里的人数，不愧是专业人士。

职业足球运动员的视野非常广阔，观察力也比普通人强很多，一瞬间就能看清球场上谁在什么位置。

所以说，一个人只要经过训练，就能掌握很多种能力。哪怕是同时做两件或者多件事情，都会变得很容易。

5 获得灵感的终极方法

心无杂念的人，能非常容易地接收到灵感。

因此，要努力学习控制心绪的波动。一个人只有有效地控制心绪，才能很容易地接收到灵感。从脑电波的角度来说，就相当于从 β 波切换到 α 波。

在很多领域中，这都是获得灵感的终极方法。这与职业无关。无论是经营者、工厂的工人、研究人员还是其他领域的专业人士，都能够通过控制心绪来增加获得灵感的机会，并且所获得的灵感大多能够推动创新。你的使命感越强，你得到灵感的机会就越多。

还有一点必须要说的是，灵感是转瞬即逝的东西，当它降临时，就要马上记录下来。

我在家中各处都准备了便签，因为不把灵感写下来有可能转眼就忘了。我把想法及时记录下来，再把这些记录积累起来，就会出现有趣的现象。

这是作为个人应该付出的努力。当你上升到企业管理层级别，也有相应的努力方向。比如身为大型企业的社长，不能单单依靠个人能力，要集合所有人的创造性，这是必须要做的。就好比日本的丰田公司就有“持续改善”的传统，据说每年基层员工提交上来的改善建议达数十万条。

站在管理者的立场上，要注重发掘员工身上的创造能力。或许很多提交上来的建议都是没用的，但沙海中一定有闪烁的金子。

第五章

不可阻挡的新文明潮流

——黄金时代的创新

1 世界正面对的危机

"百年一遇的海啸"只是借口

我在我曾出版的某本书的前言中曾提到过，自2008年下半年至2009年，到处都充斥着"世界性金融危机大爆发""世界性恐慌""百年一遇的金融海啸"等引起社会恐慌的言论。

这种言论最初来自某个人，后来却"遭到"政治家、经济界人士和媒体的反复引用。与此同时，此种言论反复通过电波或印刷品扩散开来，导致人们不知不觉地被洗脑，全然接受了此类言论。

然而在我看来，这只是一种借口。提出“百年一遇的金融海啸”之类的看法是个人行为，但提出者却用极为罕见的说辞来回避责任，这样实在不妥。

仅在我们的记忆中，经历过的经济萧条或金融危机已经有很多次了。有三年发生一次的小型风暴，也有十年一次的大型金融危机。

比如20世纪90年代，日本经历了泡沫经济破灭，之后日本经济急速倒退；2000年IT类企业的股价暴跌又引发了日本经济大萧条。还有之前的20世纪80年代，曾发生过因外币汇率变化而导致的日元急速升值。

除此之外，还有石油危机、由固定汇率制转变为浮动汇率制引发的危机、美苏冷战、越南战争、日本国内发生的安保骚乱、四次中东战争以及朝鲜半岛战争等大事件，这些事件都曾引起过金融动荡。

不管在第二次世界大战之前还是之后，都数次发生过类似的金融危机。

从广义的角度来看，那些大约十年发生一次的大型金融危机的演变过程，就像竹子长竹节一样，每次长出新的竹节后，竹子的生长速度就会加快，直到长出下个竹节。在日本的江户时代之后，在明治（1868–1912)、大正(1912–1926)、昭和(1926–1989)以及平成（1989–今）各个时代都出现过很多个“竹节”，也出现过暂时的经济倒退的现象，但每一次成功长出“竹节”，世界都会变得更强，并向前迈进一大步。

媒体应该提案“如何战胜经济萧条”

敲响警钟，提醒人们在危机来临之前尽早采取措施是媒体的使命。

但是，我们不能像对待自然灾害一样对待经济萧条，因为经济萧条不是天灾而是人祸。

经济繁荣与否取决于人，如果是“人”的原因造成了经济危机，那么就用“人”的力量来扭转颓势。

只是当新型的经济萧条出现时，之前的做法就行不通了。就好比出现新型流感时，旧的疫苗就失去了作用，科学家们需要培养出新型疫苗对抗新的流感。

时代在不断进步，要针对时代特点提出新的方案以战胜危机、开拓道路。

以史为鉴固然重要，但要解决当下的问题需要新的发明、新的构想。因此，我反对某些媒体故意煽动群众的负面情绪、造成社会恐慌的做法。

当前最萧条的行业当属媒体。或许这对媒体人来说太残酷。然而在信息泛滥的当前社会，媒体正面临最严重的经营危机和生存危机。

按照媒体的理论，如果社会上全是善良的人，就没有新闻可报道了。那么，为了提升业绩，无论如何也要揪出一个恶人来，而且越恶越好。没有新闻事件就要创造事件，事件闹得越大越好。

为此，部分媒体人若找不到新闻素材就会捏造事件，没有可批判的人就凭空捏造出一个恶人来。媒体人在企业内部学到的就是这种理论，但我想请他们想一想，这么做是正义的吗？如果是为了生存才这么做的话，媒体人就需要深刻反省一下了。

媒体不要只提出一些消极理论，要更多地拿出积极向前的、有建设性的意见。

比如在指责某种经济现象时，还要同时给出指导——应该如何做才能改善日本经济和社会现状。媒体要承担起提案的责任。有时报纸中提出的意见会被各部门、组织采用并实施。当然了，如果他们提出的方案完全不起作用，报社的社长和评论员有没有承担起责任，召开记者会向公众道歉呢？并没有。

媒体光说却不承担责任，所以，我们不能让这些不负责任的言论在社会上流传。

面向百亿人口时代，“成长的烦恼”即将到来

当前我们需要的不是消极的观点，而是面对困难时，挣脱困境和开辟新道路的方法。

我想，现在的政治家和经营者们都面临着艰难的局面。那些即便是人们认为不可能倒闭的世界级大企业，也一个一个地身陷破产危机。没有政府救济，数万、甚至是数十万人将面临失业。

形势是严峻的，但是从以往的经验来看，这次的危机也只是一个“长竹节”的过程而已。

世界人口即将达到70亿。伴随人口的增加，现有的资源能不能养活这么多的人就成了新的课题。如果答案

是肯定的，这就从侧面反映出了世界的进步，说明世界越来越富足。

也就是说，现在的问题是能不能构建足以养活上百亿人口的社会结构。不管能还是不能，这种“成长的烦恼”都即将到来。

解决问题需要发挥智慧的力量，构建新的社会格局，否则就只剩下减少人口这一种办法了。

然而，如何构建出新的社会格局呢？是等待天灾地变，还是发动暴乱？我们只能朝这种负面的方向思考吗？还是说，要努力去开辟道路，创造出让人们能够幸福生活的未来？

当前，人类正站在分岔路口上。

每个时代都发生过各种各样的危机，每一次危机都是痛苦的。并不是说危机只发生在现代，在过去以及人类无法预知的未来都会发生危机。

如果我们连这种程度的危机都应付不了的话，那还谈什么将来。

我们需要拥有开拓未来的决心

直截了当地说，社会不需要“仅仅因为股价暴跌，就断定人类社会将马上回到150年前”之类软弱的经济学口号。我们应该把希望寄托在人们的创新意识、努力、奋进和智慧上，把未来寄托在人们试图改变现状的强烈热情上。

不要回顾过去，要面向未来不断前进。若是把问题提高到国家层面上来说，就是要勇敢地面向未来，举全国之力踏上征程。

把经济萧条的责任归咎到某个人身上，不断地攻击他，以此让大众宣泄不满情绪的做法绝不是正确的，这不是一种具备可行性的解决方法。

我的观点很明确，未来是充满光明的，时代将不断向前发展。

我讨厌一成不变，讨厌随波逐流。所以，我希望大家凭借自己的力量去开拓未来。不管未来发生什么情况，我坚信我们的目标一定会实现。

2 推动绿色新政的奥巴马总统的战略

向“脱石油文明”转移

目前，美国总统奥巴马正在美国悄然推动一场尚不被广泛关注的变革，最引人瞩目的核心就是“摆脱石油依赖”战略。迄今为止，美国发展的是“石油消费文明”，汽车产业数百年的昌盛一直遵循着旧有的轨迹来发展。现在，美国正试图从“石油消费文明”中摆脱出来。

这是奥巴马总统在众多演讲中流露出来的、极少数的具体政策之一。除此之外，其他政策几乎都停留在了抽象理论的阶段。

他提出的“绿色新政”，试图掀起一场能源革命。也就是将“石油消费型文明”转变为以风力发电、地热发电、太阳能发电等不使用石油、不排放二氧化碳的“新能源消费型文明”。这是一条已被明确提出的政策。

这项政策的效果未必马上显现，可它将在未来几年中逐渐发挥作用。

所谓“绿色新政”，主要目的是使美国逐步摆脱对石油的依赖。当美国不再从中东购买石油，可想而知，仅仅依靠卖石油过着富足生活的阿拉伯人将面临什么。

推动以“三巨头”为代表的汽车产业复苏

如果奥巴马总统的战略能够顺利实施，美国就能达到降低汽油价格的目的。这就意味着深陷困境的、以“三巨头*”为代表的美国汽车产业终于可以松口气了。可以预想的是，假如汽油价格降低到现行价格的一半甚至三分之一，更多的汽车将会出现在人们的生活中。

这种做法虽然有些绕远，但这是奥巴马总统现在唯一能够考虑的作战方法。

将来其他国家可能也会采取与美国相同的做法，向“脱石油文明”转变，开始利用太阳能、风能、海洋温差能等新能源。这将使石油推动世界发展的时代、石油

* 三巨头：通用、福特和克莱斯勒并称美国汽车产业三巨头。

成为世界纷争根源的时代一去不复返。我想，这是世界未来发展的方向。这对美国乃至全球所有国家来说，从国家安全保障的角度来说，也具有积极的意义。

以上就是奥巴马总统的想法。目前，美国的汽车产业看上去像是大厦将倾，不过我相信未来它必定能打破困局。并且，全世界的资金都流向中东的局面将发生明显的转变。我想奥巴马总统会在国内创造新的价值源泉，尽力维持美国作为世界中心的地位。

3 经济萧条期经营革新的要点

强化营销能力，拉大与竞争企业之间的差距

企业的经营者不能因为小道消息而忽悲忽喜，要发挥智慧的力量去克服经济萧条时期企业面临的困难。而能够战胜这时期困难的策略有以下几条。

首先是强化营销力，提高销售力。最好由企业高层亲任“前线总指挥”，强化企业的营销能力。高层要亲临第一线，参与市场营销，只有这样，才能感染身边的

员工们。

在经济萧条期，如果公司内部尽是止步不前的员工，那么企业也就没救了。高层不亲临第一线就获取不了第一手信息，也更难以及时采取措施。

高层要直接面对顾客，听取顾客的建议。询问购买过本公司产品或享受过本公司服务的顾客的意见，询问他们针对本公司产品的看法，了解他们认为哪个方面的消费体验最佳。接下来，企业就要在经济萧条期拉大与竞争企业间的差距。

经济萧条对于企业的影响并非全是负面的，真正强大的企业在经济不景气的环境下也能不断发展、扩大规模，显现出它们相对于其他公司的优势。

顾客的眼光是挑剔的，他们不会购买不需要的东西，不会接受恶劣的服务。他们会握紧钱袋，哪怕是一分钱他们都绝不会花在不需要的东西上。因此，弱小的企业一个接一个地倒闭。

在这种环境下还能生存下去的企业才是真正强大的企业，待经济复苏后它们将进一步成为巨型企业。

经济萧条期就是这样一个优胜劣汰的时期。

把只有在经济萧条期才能做的事情彻彻底底地做好

当企业强化了营销能力之后，接下来把只有在经济萧条期才能做的事情彻彻底底地做好。

在经济状况良好的时候，商品的销售业绩自然很好，企业也不用为员工的薪水发愁。

然而在公司面临破产危机、必须进行人员调整时，管理者反而能做一些平时做不到的事情。

趁着经济萧条时，企业正好能把平时做不到的事情彻彻底底地做好，把平时马虎大意遗留下来的漏洞填补好。

就拿工厂来说，厂长可以趁着这个时候进行内部整顿。工厂的管理者可以把平时由于忙碌而没规范好的流程重新规范一下，还可以趁此机会把积压的库存全部处理掉，也可以趁着这段时间去拜访下平时因为忙碌而难得见面的客户。

在商品销售情况良好的时候，或许你会相信自己的产品是最好的；可一旦出现滞销，企业经营者就应该去征求顾客的意见，听一听顾客的心声。

也就是说，经济萧条是企业重新审视自身的机会。企业的经营者可以把一直以来的做法、想法、工作方法检查一遍，去倾听那些一直支持着自己的人的心声。

重视人才教育，培养战斗力

有时候，企业在经济萧条期要进行组织内部改革。

我在《经营入门》等书中反复强调过，经济萧条期的人才培养非常重要。

不要因为商品卖不出去，而将大把的空闲时间用于做一些无谓的事情。相反，企业经营者应该趁这个时候对现有的人才进行教育投资，为应对非常时期提前储备战斗力。

对于士兵们来说，为了打胜仗，单单靠在战斗中敢打敢冲是不够的，平时的军事训练也非常重要。

所以说，经济萧条期正是培养人才的好时候。重视人才教育的企业，一定能获得回报。而在特殊时期被企业派去参加研修的员工们，会因为对企业的未来充满忧虑，而更加认真学习。所以说，经济萧条期是进行员工培训的好机会。

如果企业平时在员工的培训上做得不够，就要好好利用经济萧条时期来弥补。

提拔敢于承担责任的人

还有一点，经济萧条期是重新考察人才的机会。

日本企业有论资排辈的传统，很多人到了一定的年龄，自然而然地晋升为管理层人员。

经济萧条期适合调整人员配备，这个时候的调整更容易被员工接受。经济萧条期也是考察员工战斗力的机会。

经济状况良好的时候，入职早、年长的人优先升职，这种论资排辈的情况较为常见。经济景气的时候，由于企业的业绩良好，发展也十分顺利，新员工会认为那都是老员工们努力的结果，而老员工们也会自然而然地认为自己工作很出色。

而经济萧条期，就是调整人员配备的好机会了。

这时，“年轻”将不再是升职的障碍，反而成了晋升的有利条件。人们普遍认为，年轻人由于不成熟，经验和知识积累得还不够而不适合被提拔。其实正好相反，大部分员工正因为年轻才值得被重用。

面对危机时，企业需要有勇气、敢于挑战的人才。倘若把重任交给缺乏勇气的人，结果只能是失败。不要在意年龄和经验，只要是有干劲、敢于承担责任的人就值得被重用。

企业的经营者要意识到，在经济萧条期调整人员配备的同时，更要训练、培养人才。

从模仿外国到成为世界典范

接下来，企业经营者要做的就是：洞察潮流的走向。

一味模仿别人的时代已经结束，我们要亲手创造自己的未来。未来，我们要凭借自己的想法、创造和发明成为其他国家模仿的对象。

这就像下象棋或者围棋一样。当天才棋手创造出新的战法时，其他棋手就会立刻群起模仿一样。

创造出新的战法更容易获胜。可是，新的战法马上会被别人模仿，这时就需要棋手们不断地发明出新的战法，向未知的、全新的领域挺进。

一开始，我们可以靠模仿别人来掌握更多的技术，可当企业发展到一定水平之后，经营者就会发现，可供模仿的对象已经所剩无几了

我们再把目光投向世界，尽管当前的美国在世界上仍处于优势地位，但还是有很多地方是其他国家不愿意效仿的。

如何亲手描绘出新时代的蓝图，成为世界的典范呢？

过去日本曾效仿过美国以及欧洲国家，不过现在，日本已经成为许多国家效仿的对象。

因此，我们要以博大的胸怀坦然接受这些将来会发生的变化。一个国家想要保持领先地位，就需要不断地拿出新的发明、新的构想并且能够洞察未来。

现在，世界上很多国家正在经历着经济萧条，待经济复苏之后，能做到这些的国家将会崭露头角、受到全球的瞩目。

届时，当其他国家寻求帮助和示范时，以“我们也做不到”“没想过”等这类的言论来回应是可耻的，我们要避免类似的情况发生。

掀起交通革命，发掘日本的潜力

我曾经看过日本森大厦株式会社社长接受采访的电

视节目。节目中提到，森大厦株式会社以东京都港区为中心进行房地产开发，建造了六本木新城等高楼大厦。

当时，森大厦的社长站在六本木新城的顶层俯瞰东京，他说："东京的大楼还是很低，我要在各个地方建造高楼大厦，并且用索道把各个大厦都连接起来。"

看完这个节目后，我感慨万千，居然有人和我持有相似的看法！

大概在1990年，我常常租借会场举办演讲，演讲的前一天或者当天大多会住在日本银座的酒店里。我想起有一天晚上在酒店按摩时无意中与按摩师聊过的一番话。

当时，我说："东京的大楼应该建得更高，然后在第十层或者第二十层左右的地方建造车站，并用单轨列车把高楼大厦连接起来。这样就可以建立一个能避开道路拥堵、更便于前往目的地的崭新的交通系统。"

按摩师听了我的话后却为难地说："这种事情您跟

我说有什么用呢？”其实，我是因为在按摩时突然有了灵感才说这番话的，怕当下不说出来过后会忘记而已。

看了这个电视节目我才忽然想起，差不多二十年前我也说过类似的话。

现在，专业从事大厦建设和开发的社长提出“用索道把高楼大厦连接起来”的构想是可行的。毕竟，现在地面交通实在太拥堵了，如果在半空中建立新的交通系统，应该可以让出行变得更方便。

虽说社长所说的索道或许比建造单轨列车车站的成本更低，但从安全性上讲，还是单轨列车较有优势。

我的想法是在高层建筑之间保留一定的间隔，在建筑物的中间位置用单轨列车连接起来。假如我的想法真的能够实现，东京将会掀起一场交通革命。

为了缓和城市人口的压力，也作为促进经济复苏的方法之一，将大楼越建越高之类的构想，应该会很受社会欢迎吧。

现在地面上的道路已经满足不了人们的出行需求，所以交通管理部门开始在地面下修建地铁，让人们在地下也能通行。

比如2007年12月，日本首都东京的高速山手隧道，原本的池袋至新宿段现在已经延长到了涩谷和品川。交通规划部门在地下开始建造新的交通网络，但由于每天只能挖掘十八米左右，品川段通车还需要花费几年时间。

假如今后市政部门在空中建设交通网，那么，拥有1300万人口的东京将变成能够吸纳更多人口的大型都市。

回顾日本历史

纵观历史，日本在屡屡创新的同时还留存着很多优秀的传统文化。

日本的民主主义也不是二战后才开始出现的，大正时代就已经有人发起了“大正民主”运动。

而提到社会平等，在日本的江户时代，庶民都是平等的。虽被划分为士农工商几个阶级，但彼此之间是平等的关系。

江户时代的日本是由武士统治的，但前后三百年间很少有社会动荡不安的现象出现。若再向前追溯，历史上的日本还曾经出现过“从来没有执行过死刑”的时代——距今1000多年前的日本平安时代，在近300年的时间里从没有执行过死刑。

同时期的欧洲正处于海盗猖獗的混乱期。即便是现在，索马里仍然有海盗出没，他们靠抢夺过往船只的财产货物为生。在不少欧洲国家，有些民族并不喜欢自己创造财富，反而更欣赏通过掠夺他人财产的方式来使自己富足。

正当欧洲陷入由海盗导致的混乱状态的时候，日本却是一个不执行死刑的国家。这是因为当时日本国内佛教盛行，人们的言行都严格遵照佛教思想，逐渐出现了一些以京都为代表的宗教城市。

看看古时候的日本我们能够发现，当时的日本在很多方面都发展得很好。平安时代之前的飞鸟、白凤、奈良等各个时代都涌现出了大批杰出的人才。

圣德太子制定的“十七条宪法”，体现了民族主义思想，蕴涵了“对他人非礼勿言，大家一起畅所欲言”的独特观念。这在当时来说是非常先进的思想。

同为圣德太子制定的“冠位十二阶”，是根据能力选拔人才的制度。在距今1400多年前的圣德太子时代，只要是有能力的人，就有机会出人头地。

当时，有些僧侣从中国和朝鲜半岛来到日本，这些被当时的日本人称为“渡来人”或“归化人”的外来者，在这里是非常受人尊敬的。他们不仅分到了免费的住宅，还被当成“博士”一样受人重视，他们的子孙也同样受到尊重。

日本究竟是从什么时候开始对外国人采取差别对待的，我们已不得而知。但是，曾经的日本人，的确拥有海纳百川的胸怀。

此外，战争多发的年代虽然称不上是好的时代，但织田信长、丰臣秀吉、德川家康这些人所处的战国时代也有很多先进的地方。可以说战国时代的日本，国家实力在全世界也是名列前茅的。

正因为经历过这么多，日本才有现在的国际地位。

思考“何谓正确”，发挥智慧和勇气的力量

其实我最想说的是，纵观历史，如果我们迎不来自己国家的黄金时代，那我们就无法完成自己的使命。

我们必须面向世界发出声音，传播信息，成为世界的典范。我们一定要有这份自信。

要坚持自己的主张，表达出自己的观点，提出必要的需求，要勇于指出他人和自己的不足。对于正确的事，要坚定自己的立场。

当前虽然我们面临各种各样的危机，但正如本章题目所说，新文明潮流是不可阻挡的。这就是我的结论——一股强大的时代潮流正奔涌而来。

新文明潮流将影响整个世界，而且它将会比预想中的更早来临。

现在的人们，缺乏的是针对“何谓正确”的思考，以及付诸行动的智慧和勇气。为此，我们就更应该身体力行地去做、去完善！

第六章

创造性头脑

——开启人生、组织以及国家的创造力

1　转败为胜的创造性思维

之前我们说了许多与创造力相关的内容，接下来让我们以问答的形式，更深入、细致地探讨一下创造力的衍生课题——创造性思维。我们就从第一个问题开始。

Q1：基于“发挥具有更高附加价值的创造性”这一观点，请问如何提高企划的成功率?

每份工作都有“平均安打率”

想要将每个企划案都达到预计的目标，这是很难做到的事情，我们能做的只能是尽量提高“安打*率”，争取每做三个企划，保证其中至少有一个是成功的，或者每两个成功一个。

其实，各行各业都存在一个 “平均安打率”。比如铃木一郎在美国职业棒球大联盟的比赛中，十次出场有七次都无功而返。提高打击率着实不易，毕竟，每个职业都有它的极限。这就好比人类百米短跑的纪录保持在大约10秒左右，也就是说，人类跑起来的时速极限在35km左右，跟大象差不多。但即便是奥运冠军，跟

---

* 安打：棒球术语，原指打击手把投手投来的球击出到界内，并安全上到一垒。这里指做某件事情的成功性。

马、猎豹相比，在速度上也要差上一大截，所以是不能相提并论的。

因此，人类从事每件事、每份工作都会受到一定的局限。所以，在着手做某项工作时，要根据前人的经验和方方面面的因素来判断它的“安打率”有多少。

提高“安打率”对于某些职业来说至关重要

对于任何一种职业来说，提高“安打率”都至关重要。

棒球赛场上，若十个打席只能获得三个安打，那尚且可以让人接受。但是，如果制作十部电影仅三部回本，其他七部全部赤字，又或者虽然电影进行了宣传，但还是根本没有引起任何反响，那问题就很严峻了。

对于漫画家来说也是如此。即便可以每周在杂志上连载漫画，但若接连出了两三部不受欢迎的作品，也难免逃离被这个市场淘汰的结局。

还有作家也一样，写出来的作品由哪家出版社出版都赚钱的作家可谓凤毛麟角。尤其是那些以写自传出名的作者，通常写出的第一部作品会很有意思，然而之后的作品由于作者自身的经历逐渐写尽，于是，不得不使用二手、三手资料来填充内容。长此以往，作品的精彩程度将逐本下降。而作者本人也再写不出像第一本一样有趣的内容了。

非虚构类的作品想要畅销，需要作者在收集素材的阶段不断挖掘出畅销的点，这也就需要作者具备将素材整合、融汇成作品的能力。

从企业的文书工作上，看成功与失败

在企业的日常工作中，一个员工能做到“不出错”，那这就算得上是最低水平的成功了。

这好比在棒球比赛中，当对手打出地滚球时，我方能够接住球，并将球投给位于一垒的同伴，让对方球员出局一样。这只是个“基本动作”。这种“不出错”的水平，也仅仅相当于在棒球比赛中打出地滚球的水平。

如果是企业内部业务上出现的失误，那还尚可补救。但若是在对外业务上也出现失误的话，那将会对企业产生严重的影响。

比如说某个项目一直进展顺利，结果到了快签约的时候却出现了“原本需要三千万日元的预算，报价时却只报了一千万日元”之类的情况，结果可能就会导致之前的努力全部付之东流。

不仅让公司耗时两三个月的谈判成果全毁了，还浪费了别人的时间和精力。一旦这样的失误真的出现，就很难不影响公司经营。

积极探索各种可能性

今天的主题是“创造性思维”，这既符合我的一贯风格，也与我的工作息息相关。

最近我正在批判“唯脑论”，从字面上来看，它的意思应该很容易理解。说起最需要“创造性思维”的人，可以被理解为最想要获得成功秘诀的人。

既然这个题目与“成功”相关，那么接下来我就谈一谈自己对于“成功和失败”的思考。

山穷水尽的局面可以称为“失败”，但我认为，在到那个地步之前，为了积累经验而不断探索的过程中出现的挫折，其实不能算是失败。

发明家爱迪生经历了一千次失败也不气馁，只是把它们视为是找到了一千种行不通的方法。这种积极的、正面的思维方式才是成功的根本。不要把困难当成穷途末路，要积极地探索其他的办法。

此外，不要因为某一件事而联想出最后的结果。也就是说，不要因为发生了某一件事而去设想结果是成功或者失败。

2011年，日本发生了前所未有的大地震。出于对海啸的恐惧，人们筑起超级堤坝，建造高台，盖高房子，拼命地想办法抵御海啸。

但当时我曾有过疑问，大家光想着怎么抵御“水”了，可下一个灾难若换成是“火”，就好比火山喷发，我们该怎么办？如果全国上下一味地拼命抵御由陆地外侵袭过来的水，那么下回如果陆地上发生火山爆发，我们岂不是无处可逃？所以说，凡事等事情发生了再想办法就晚了。

任何事情都存在各种可能性。至于“失败”，要放到最后的最后去想。

有些“失败”并不是失败

普通人看来，一些最终造成人生终结的事情就是失败，但世界上存在的某些认知，大多已经超越了普通人的判定，因此，有些“失败”从某种层面上来说，其实并不是失败。

之前，我校正了自己写的关于吉田松阴的书。书中写到他被擒后幕府原没打算杀他，可他却因主动供出两条死罪而被判斩首。最终，他给亲人与门生们写下诀别信和遗书后走向刑场。这件事情，或许在现代人眼里看来，应该算是一种失败吧。

同样的，给吉田松阴收尸的桂小五郎（后更名木户孝允）等人，恐怕也会在心里暗叹“真拿老师没办法”吧。吉田松阴居然主动供出自己的死罪，并因此赔上了自己的性命。

对于吉田松阴的供词，幕府的反应并不像吉田想象的那样强烈，幕府只不过把他看作是必须处理掉的一众反幕志士的其中一个，是“安政大狱”的一分子而已。恐怕，幕府并没有把这个事件当成一座“活火山”那样重视。

不过，在吉田松阴看来，他这样做是正直的、舍生取义的行为，他用实际行动鼓舞了一众维新志士。

所以说，有些被世人所认为的“失败”实质上并不是失败。

说到这里我不得不去思考，人生道路上真的存在失败吗？也许，只要转变下思想，就能“跨越”所有的失败吧。

以“引领成功的积极心态”为题的首次海外演讲

说到提高成功几率的方法，主要有两个关键因素：思想和心态。

我的第一次海外演讲地点是在美国的夏威夷，全程是用英语演讲的，且演讲的主题定为“Be Positive（要积极）”。

日本人多数有“英语恐惧症”，一旦对讲英语有消极逃避的心态便一无所成。

比起做不到的，人们更愿意去做肯定能做到的事情，也更愿意为成功鼓掌。而他人的肯定，也能化为让自己坚持下去的动力。

即便遭遇种种失败，如果是因为学习得不够或者是方法不对，只要对症下药找到解决的办法，那么失败也就不再是失败，而会转换成为一块成功路上的垫脚石。

全世界的人们都普遍关注事物的“整体”。当一个人为了细枝末节上的失误而沮丧时，或许他在别人的眼中“大体上看来还不错”。

所以在这些事情上，心态很大程度上决定了一个人的想法。消极地看待“失败”，那么他就会永远停留在失败上。

我第一次举办海外演讲时，原本打算在演讲的一开始就直接抛出结论的。

然而在抵达夏威夷前，前来迎接我的人对我说：“希望您今天能说一说，关于您新婚旅行的回忆。”这个提议着实出乎我的意料。

“关于我新婚旅行的回忆”并不是我原定谈论的话题，而且这与我最初设定的演讲开头大相径庭，这突如其来的变化，着实让我有些措手不及。

不过，在演讲结束后，我从当地观众所写的演讲观后感中见到有人这样写："一开始，演讲的内容听起来让人有些摸不着头脑，但十来分钟过后，我就愈发感觉到内容的精彩和有趣了。"虽然演讲最初有些小"失败"，但演讲结束后观众还是满意至极。

这是一桩"我被要求谈我原本不打算谈的话题"的失败往事。一般来说，演讲通常是先聊一聊轻松的话题，让气氛活跃起来之后再进入正题。但这并不是我的风格。

虽然最初经历了一些坎坷，但我的海外演讲也从此开始了。

发生在夏威夷的"失败小故事"让我立誓勤奋学习

为了准备那次海外演讲，我还临阵磨枪地学起了英语，当时有一股异常强大的学习动力推动着我。

当时，我把十几年前的课本重新拿出来，一边“打磨”已经“生了锈”的知识，一边努力练习。在那次演讲的过程中，我会突然忘了某个英语词组后面该接哪个词，甚至还说错过几次。

现在回想起来，我觉得很不好意思，可能是我平时背的单词还是不够吧。在回程的车里，我跟某位当时在夏威夷认识的女性朋友谈起了说错词组的事，她却说：“老师，这件事您根本不用在意。当时，大家都沉浸在您演讲的震撼力中，完全不在乎这些细节。”

虽然没有人在乎我在演讲中犯的错误，但是我还是觉得过不去心里的坎儿。于是，在那次海外演讲之后，我在努力提升自己英语水平的同时，自己总结出了很多英语学习材料，根据我自己分类的难度等级，当时说错了的词组被我归类在了“中级”的水平。我居然说错了连“高级”难度都不算的词组，现在想来真是惭愧。

顺便说一句，当时我说错的词组是“bounce

back”，是“反弹”的意思。

我当时要讲的内容是：“当受到苦难和困难的打击时，要迎头反击。为了让人生之花重新开放，就要像皮球反弹那样重整旗鼓，东山再起。”因为当时在演讲中怎么都想不起这个词，所以只好用皮球弹在地上的象声词“砰砰砰”代替，以至于有的人问“老师是在禁止什么吗，为什么连着说了好几次‘禁止’（ban）呢？”这让我很难为情。

这件事给我留下很深的印象，让我反省英语词组必须准确牢记，不能只停留在一知半解的水平。

有“魄力”去生产和创造

要认识到，出现一定比例的失误是在所难免的。

我在演讲中也常会出现两三处记忆上的错误或者口

误，比如在年号、人名、人物关系上有时我会出现很奇怪、很离谱的失误，可是如果为了避免这些细小的失误而事先写好演讲稿的话，效率会大大降低。

从整体上看，这些失误并没有影响到主体，很多听众也并不会追究细枝末节。因此，后期由演讲内容整理而成的图书我都交给编辑部门负责校对，我本人主要负责阐述观点。

至今为止，我的著作基本都是由演讲或口述整理而成书的。这样著书有一定的风险性，还需要一定的胆量与勇气才行。因为在口述与演讲中，难免会出现一些错误和口误。所以，这就会给后期整理制造很多麻烦。但我会尽最大所能不出现错误。

正因为这种著书方式能够让我的想法不被框束，所以大大提高了我的生产性和创造性。

作家曾野绫子曾经说过，如果400字一页的稿子每天写上4页，每月写120页左右，每年就是1460页，能做到这样的人就称得上是专业作家。

然而，按照这种方法，每天也就只能写4页。并且在写的过程中，作家们有时要查资料，有时缺乏灵感，有时要出门散步或者旅行，这么一来，每月120页左右的目标也并不是那么容易就能完成的。如果每年能完成1460页，那就完全是专业作家的水平了。

还有，身为哲学家的梅原猛写《法然的哀伤》时花费了大量的时间，虽然他把口述的录音记述成一本书，但他却对最终的书稿并不满意，于是就全部推翻重来。他说："我花了几十个小时口述，没想到却成了无用功。"

也就是说，他没做到把想写的内容口述出来。由此可见，口述著书还是有一定难度的。我在这方面颇有经验，这种方法也帮助我大大地提高了工作效率。

在私底下与人交谈的时候，我不会使用太过简练的语言。反倒是在规模越大的演讲会上，我的语言越简练、越严密。不可思议的是，我在大型演讲中，反而很少出现口误。

比如，我曾在万人规模的大型会场里举办过一场演讲。当时，现场不仅有来参加演讲的听众，同时还聚集了大量媒体。

很多人在我演讲结束后，都讲述了对该场演讲的看法，其中就有一位电视台的工作人员说道："大川隆法在没有稿件的前提下高谈阔论了一小时，且过程中没有出现口误，这着实体现了他的专业性。"

还有，我曾在接受另外一位作家的采访时说道："即便在上台前一分钟突然改变演讲主题，我也能顺利完成演讲。只要给我一分钟的缓冲，大部分的题目于我而言都没问题。"他当时听了极为惊讶。

我会临场根据具体情况来确定演讲内容，这在某种意义上或许是一种蛮勇的表现，称不上严谨。

但至少，我所说的基本上没有无用的内容，虽然有时难免略有瑕疵，就像前面说到的夏威夷的小故事，但基本无伤大雅。

如果想要进一步提高，那就需要勤奋学习，一点一滴地积累。

我想，这就是所谓的“专业水准”吧。

我重新回顾两年前在东京举行的三次街头演说，不禁被当时的自己吓到。恐怕其他人或者媒体也会有同感。

当时，我用嘶哑的声音站在街头演讲。多家媒体都录下了我举行的几场街头演说的实况，我当时预言了许多关于日本社会、经济、政治方面的走向。不过没有家媒体报道过我的演讲。

现在看来，社会上许多方面都朝着我预言的方向发展。

因此，我们要发出应该发出的声音，坚定自己的方向，坚信自己能克服困难，能走出一条成功的道路。

我想，很多人一定也有同样的想法，只是不敢说出来罢了。

只要满怀希望努力完成目标，就没有“失败”

话题扯得有点远了，我们回归到“整体”。

之前提到，有些“失败”并不是失败。

如果预言家的话从一开始就被人们相信并接受的话，那他就不是一位纯粹意义上的预言家了。所谓预言家，大多都站在时代的最前端，有时会显得与当前的社会格格不入，可过后再看，人们就会发现“果然跟他说的一样”。这算是预言家的宿命吧。

有些事情难说是成功还是失败，甚至既能算是成功，也能算是失败。但是，对于那些必须发出的声音，预言家的责任就是，一定要鼓起勇气说出来。

一个人的能力越来越大，针对他个人的批评声、针对其发言内容的驳斥声就越大。我想，这个人需要有足够的胸襟去接纳各种不同的声音。如果能这样想的话，那么任何事情的最终结果都不是失败。

用木头雕刻佛像的人在日本称为“佛师”，他们需要花费很长时间来练习，才能雕刻出一尊完美的佛像。为了练就技艺，他们不知道要花费掉多少木材、多少时间，半成品和残次品怕是能堆成一座山。但这些都不是失败，因为不经历这个过程，他们就无法练就出雕刻完美佛像的技艺。

所以，只要满怀希望去努力完成最终的目标，就没有“失败”一说。

这是基于宏观角度的看法，放到日常工作中，就是“事无完美”和“事无绝对”。

对团队做出怎样的贡献才能保证不被解雇

每位领导都有他对于成功或失败的判断标准，因此，身为企业的基层员工，在日常工作方面，要避免出现让自己被解雇的失误；在个人价值方面，要为企业做出一定的贡献，让企业愿意付薪水把你留下。如果做不到以上两点，你的处境就岌岌可危了。

比如，嘴上说着“目标全垒打”的人，实际上却总干些“三振出局”的事肯定是不行的。即便不能次次全垒打，那么，哪怕是击出能让一垒跑垒员跑进二垒的触击球也好，高飞球也好，至少要为团队做点儿贡献。

身为上班族，若想保住饭碗，就要为企业做出一定的贡献。

反败为胜的契机

优秀的人才——包括领导们——往往习惯以自我为中心，喜欢从主观角度进行判断，用自己的标准评判成功、失败或者好恶。

然而，每个人在工作中都必定有要接触的对象。他们可能是亲眼看见、感受你工作状态的人，也可能是接受过你的服务、购买过你的产品的顾客。因此，要站在他们的角度上来判断自己的成功和失败，并从中思考怎样提高“安打率”。

在生意场上，要时刻以客户、顾客为先。这样一来，即便业务上出现失误，或者出现商品有瑕疵、服务质量下降等问题，只要贯彻以顾客为先的理念诚心面对，就能将失败转变为下一个“得分”的契机。

比如，面对失误，只要你肯诚心实意地道歉，并积极进行善后处理，那么你反而能赢得客户的好感，让他们重拾对你的信心。也就是说，要转变主观思想，站在对方的立场，或者把自己当成“奉献者”，那么所有的问题都能转变为成功的契机。

“在逆境中成长”是人生宝贵的财富

我们做任何事情都需要竭尽全力，然而最终起决定性作用的是心态，以及站在什么样的角度上看待问题，这就是所谓的“尽人事，知天命”。有了这样的心态，任何失败都能形成一股推动我们走向成功的力量。

用这样的心态对待问题，我们就更容易从逆境中走出来，实现在逆境中成长。无论是商务人士还是企业经营者，又或是军事家、发明家，对于任何人来说，“在逆境中成长”都是人生最宝贵的财富。

希望大家明白，战胜失败和走出逆境的能力是非常珍贵的财富。

一般来说，弥补失误需要坚持不懈的努力，要有打不垮、击不倒的精神。

以上，我从各个角度对“如何提高企划的成功率”进行了阐述，希望对大家能有所帮助。

2 构建具有“创造性”的企业文化的方法

Q2：组织有一定的目的性，有明确的方针、指令，以及固有的观念。在这种情况下，我们应该如何发挥创造性？

还有，如何才能让“创造性”全面渗透到企业内部，成为企业文化？

创造型人才应当努力做到“被他人理解”

对于这个问题，我个人觉得还是比较难回答的。

能活出个人的创造性的人，通常是具有艺术家气质或者拥有创造性思维的人才，无论是画家、作家，还是书法家、运动员、象棋手或围棋手，他们都按照自己一贯的方式做事。

但是作为组织中的一员，不能凡事只遵循自己的意愿、只按照自己的方式来做，因为那样容易与组织中的其他人发生冲突，甚至会对全局造成负面影响。

其实，创造型人才要为了让别人在一定程度上理解自己而付出努力。

有些人不在意别人的看法，随便别人怎么想，这种态度实际上就说明他们不够爱别人。

人活于世，是不断摸索人与人之间如何相互理解的过程。有的时候，因为不了解别人，所以才没能发现，其实对方跟自己一样都是创造型人才。

有的人单方面认为，别人不理解自己的创造能力是别人的错，依旧我行我素，不惜与他人渐行渐远。但是我认为，试着让别人理解自己，是身为社会的一员所应该做的。

很多企业逐渐把所有员工都变成了同一个模子里刻出来的“模具员工”。而创造性人才一定会有磨不平的棱角。企业之所以倾向于如此塑造员工，是因为无论少了谁，企业都可以正常运转。这是一个矛盾。

如果你是创造型人才，首先要让别人理解你，理解你的思维模式和行事方式。

比如，让别人明白你是“红灯停绿灯行，黄灯亮了想一想、停一停”的人，就要用实际行动向别人表明你的风格。

合并前“住友银行”与“三井银行”作风上的不同

随着企业的发展需要，企业管理者们会逐渐把员工都变成从同一个模子里刻出来的一样，就像合并之前的住友银行，就是这样的一家企业。无论我去哪家分行，负责接待我的人，无关他们的职位级别，处理问题的方式都是一样的。这会让我有一种是在面对同一个人的错觉。他们反应迅速，行动力非常强，一旦发现项目无利可图马上放弃，可以说是一家“风林火山”式的银行。应该说，这是它的优势。

而且住友银行的行长，是曾获世界级奖项的矶田一郎，他在1982年曾获得美国金融杂志评选的“年度银行家”称号。矶田一郎曾加入过京都大学橄榄球队，身材壮硕。在他担任行长的时期，住友银行曾聚集了一众身高达到1.8米、身材魁梧的员工。他们都擅长运动，甚至就连工作风格，都像极了在运动场上拼杀争夺的运动员。

虽然后来住友银行遇到了一些困难，但他们的行动力还是很了不起的。他们组成团队，联合行动，当一个部门开始行动时，其他部门也随之行动起来，从各个方面发起攻击。他们的这种行动力给我留下的印象至今依然很深刻。

后来，住友银行居然与如“宫廷女官”一样的三井银行合并了，这着实令人惊讶。

三井银行是一家延续了几百年历史的老字号银行，但三井银行给人的感觉总是整个银行上上下下都松松散散的。我与三井银行的员工接触的时候，也不知道他们到底明不明白我在说什么，他们的员工一点儿反应都没有。负责人一副似懂非懂的表情，没有一点儿干脆利落劲儿。不管是分行还是总行都这样，这让我不得不怀疑他们究竟是凭借什么维持了几百年的。

就是这样两家风格完全不同的银行合并成了现在的"三井住友银行"，不知道现在他们的经营模式和行事风格是怎样的。

当时，两家银行合并的消息令我十分惊讶，不知道现在情况怎样，是不是采取了"轮流上岗"的方式交替"执政"。

以"改善"为企业文化的丰田

丰田汽车也是一家和住友银行相似的企业。

据称，近年来丰田的员工提出的改善意见，每年达到60万条之多。从高层领导到基层员工，每个人都会提出各种各样的改善意见。

在丰田，"改善"已经成为贯彻上下的企业文化。

丰田大约有30万名员工，学历、籍贯、背景、成长环境各有不同。还有一些属于“季节性”的短期员工。比如一到冬天，丰田就会招聘来一批来自寒冷地区的员工，在丰田工作直到来年春天。但是，只要加入了丰田，任何人都能提出自己的改善意见。

同时，丰田的员工们也都能贯彻执行企业所谓的“准时制”生产方式，也就是在所需要的时刻，按所需要的数量，生产出所需要的产品。这就是丰田通过员工培训，让企业可与军队比肩的原因。

还有，丰田的员工们并不是死板地工作，他们会根据现实情况提出改善意见，并不只会做机械的生产工作。这些都是可以通过员工培训来实现的。

在多数军队型的组织中，上层难以听到下层员工发出的声音，但丰田却做到了。企业内的员工每年的提案数量可达到60万条。丰田如何有效地利用这些提案我们不得而知，但既然每年员工们的提案都能保持这个数量，想必丰田的高层也一定会认真地研究员工们的意见，并不断地完善企业。

当然，提案难免鱼龙混杂，不可能全部实现，否则每年企业都要改善几十万个地方，这对于一个企业来说，是多么大的负担啊！不过，单凭能够重视并运用员工们的提案这一点，丰田就非常值得称赞。

培养员工具备“经营者素养”的松下幸之助

企业咨询师一仓定常强调“社长自身的责任”，有很多时候，是因为社长个人的腐化在蔓延，最终影响到了整个企业。

“大家都是企业的主人”这一说法，乍一听很有理，实则多数是在推脱责任。不少企业都会用这句话把责任推给别人，最终导致企业一败涂地。

但是，抛开推卸责任这一点，如果大家都秉持着“我是企业的主人”的心态提意见，那么企业也可以得到改善。

经营者大多并不知道基层工作的具体细节。比如垃圾箱的位置放在哪里方便，哪里塑料瓶堆成了山之类的，这些工作中的小细节，如果基层的员工不提出来的话，经营者是不可能知道的。

因此，如果员工能够设身处地用经营者的眼光发现问题，并形成“我是企业的主人”的企业文化的话，那么对于企业来说也是一种优势。

松下电器更名为Panasonic之后，企业文化也发生了相当大的变化，整个企业的经营风格转变为偏欧美式雷厉风行的经营风格。虽不知今天的松下电器到底发生了多么大的变化，但松下幸之助先生健在的时候，曾致力于“无论学历如何，必须让每个员工都具备经营者的素养”这一点。

因此，社长会在晨会时反复强调当天想到的、在企业经营和发展方向方面的想法。这些话都被录音保存了下来，一直到第二次世界大战爆发前，这些录音带加起来足足有3000盘之多。如果按照平均一盘录音带录音1小时来计算的话，就是整整3000个小时。

经营者在管理企业的同时，坚持在晨会上向员工表达自己的想法，这些都成了企业宝贵的财富。不知道现在的Panasonic有没有好好利用它。

总而言之，经营者要不断地强调自己认为重要的事情。如果企业能发展成“在高层不断地表达自己观点的同时，基层员工也能不断地思考自己应该怎么做”的企业的话，上下呼应，相互联动，那真是再好不过的事情了。

“没有责任或权限便不作为”的军队型企业的问题

企业当发展到一定规模后，就容易成为军队型企业，因为大型企业基本都会采用金字塔结构。

人们普遍认为，聘用退伍军人为经营顾问的企业，必然是权责明确的，因为军队就是这样。在部队，将责任明确到个人是非常重要的事情。这就好比在军队中，必须明确由谁发出开火、撤退、进攻的命令。

然而，这种模式在“淡化员工个体差异”上尚且有用，但在企业中会不可避免地造成资源浪费，并会形成“没有责任或权限便不作为”的风气。

这对于企业来说是极为不利的。

目前，构建信息流通顺畅的组织很重要

在所谓优秀的企业中，员工作为企业的一员，无论自己有没有责任，都想要认真地参与工作。

还有的企业为了降低员工薪资而成立多家“子公司”，用子公司的名义招聘员工，使子公司转变成类似承包商的角色。如果总公司与子公司都能对突发状况迅速做出反应并相互协作，那这种相辅相成的协作模式是非常了不起的。而反过来说，假如二者没能建立起协作机制，那么这种模式对企业则有害无利。

实际上能做到这一点的企业并不多见，五千家企业中也未必有一家，可见其困难程度。

小型企业普遍信息流通顺畅，因为它们多半会采取类似家庭的经营模式，大家一团和气，相互沟通相互扶

持，可等企业规模发展起来后则很难做到这一点了。当企业的员工人数达到三百人时，经营者就很难把握具体情况了，如果单凭书面报告进行判断的话，经营者就容易出现严重的决策失误。

高层也要把自己的想法传达给员工们。有的人想到什么会反复思考，一直到想法成熟后才表达出来。但是，如果一味地去追求“完美”的结果，可能会错过不少机遇和机会。因此，企业的高层领导最好想到什么就马上表达出来。

反过来说，在基层员工接收这些观点的同时，也要不断地向上层领导表达自己的想法，要让企业形成上下沟通联动的机制。

为了准确决策，要把“经营者素养”贯彻给基层员工

企业形成金字塔结构的原因在于，越往上，任职的人越少；越往下，员工的人数越多。如果基层员工都把工作往上推，那么在能力相同的前提下，高层领导的工作量，将会是基层员工的数十倍、上百倍，这对于高层领导而言是绝对无法负荷的。

因此工作需要细分化，高层要通过培养基层员工的“经营者素养”，让他们知道什么是重要的，而什么又是有价值的。

君王能在主殿安寝，是因为夜晚有侍卫不眠不休地守护。正因为有人严密地守护自己，君王才能安心睡去。否则，一旦敌人夜半偷袭，君王将性命不保。

所以，发现危机要马上拉响警报并拿出对策。或者说，一旦发现机遇、洞察到竞争对手的动向后，也要马上做出适当的判断。

倘若一味地认为，即便将信息传达给了高层也避免不了决策的失误，或者觉得高层一定已经掌握了全部所需要的信息，那么企业就会变成一潭死水，了无生趣。企业的经营者应该让组织灵动起来，构建充满行动力、革新力的企业。虽然，这并非易事。但是，如果连想法都没有，就更不会有员工们的行动了。

企业扩大规模后，如何避免成为军队型企业

企业扩大规模后，如果放任自流，那它将不可避免地沦为军队型企业。

在这样的企业中，员工完全听命于上级，让开火就

开火，让休息就休息，上级命令他们边射击边行进，他们也一定会照做。就算有条河横在面前，只要上级下达“前进”的命令，员工也会执行。但是，高层下达“前进”的命令后，员工们过河走到一半又被命令“撤退”时，所有人都会因场面混乱而动弹不得，这就是大型企业的基本现状。

因此，要把部队划分为几个小队，各自任命队长管理，并培养队长们的“经营者素养”，让他们懂得如何决策、如何指挥战斗，即便有人被敌人的子弹击中，也能随时由其他人顶替。这对企业来说非常重要。

中国有个“常山之蛇*”的故事，“常山蛇”与日本的“槌之子”类似。

一个组织也要做到首尾呼应，当弱处被攻击时，其他部分则要及时做出反应，进行补救。

---

* 常山之蛇：出自《孙子兵法》，形容军队活动灵活，可以首尾相顾。

在工作上，要想一直保持良好的工作业绩，就要专注于一件事情，且坚持不懈地做下去。这既是根本，也是普遍的规律的问题。更进一步来说，要尽量多培养关注企业整体发展、敢于承担责任的员工，让企业上下结成肝胆相照的关系。

能做到这一点的话，那么不管高层知情与否，员工们的行动都能与高层保持一致。即便换成高层领导来做基层工作，他们也会采取相同的行动。要做到这一点，高层就要不断地向员工灌输自己的想法，员工们也要善于思考，学习如何判断，时间一长企业自然就会走良性发展的道路。

所以，对大型企业来说，最重要的就是要确认企业有没有向军队型企业发展。

打破年龄界限，加入到能够提供更广阔平台的组织中去

正如前面所说，组织规模扩大后势必要出现问题。这种问题是很明显的。为了克服它，领导要思维灵活，员工要不断完善自身，提高思考能力。与此同时，企业要努力营造每个人都能自由发声的氛围。

还有，企业要建立人人敢于提出想法和意见的企业文化，注重创新，这与头脑风暴类似。我认为，企业的中高层随意批评员工的想法和意见的话，就证明这个企业已经落后于时代。

不要轻视任何一个想法，要做到先认真听取，因为它有可能是一个真正有用的想法。

还有，要尽量训练自己采用“与年龄不相称”的思

维模式。

上了一定年纪的人，更要留心并尽量尝试理解年轻人的思考方式和习惯，年轻人也要努力理解上了年纪的人的想法。不要用“代沟”作借口，增进双方的相互了解是很重要的。

在这方面，每个人由于性格、喜好不同而存在着相当大的差异，不过，只要肯努力，这些就不是问题。

3 如何提高现代学术、教育的创造性

Q3：关于如何提高学术上的创造性。

从文科角度来说，新的学术理论会运用到新的社会体系中，从理科角度来说，新发明也与新产业紧密相连。

为了提高创造性、提出新学术观点，我们需要什么样的思维模式？若想提高学生的创造性，我们又需要采取怎样的教育方式呢？

发挥“挑战精神”需要自由和宽容

2014年春天发生了小保方晴子的事件。她作为理化学研究所发育与再生学综合学术中心的带头人，因其在STAP细胞论文中被认为有篡改、捏造数据等造假事实，被早稻田大学撤销了博士学位，实验也宣告失败，而这件事至今也没有定论。

纵观整个事件我们可以发现，学术界也存在着与政府部门、军队相同的问题。

也就是说，学术界也存在论资排辈，一贯采用学术权威们制定的规则的问题。在这种氛围下，后辈们难以发挥出他们的挑战精神。在我们文科生看来，这是极为异常的现象。

尤其是在新发明、新领域的探索的过程中，研究者们难免会出现失败，假如每个失败都逃不过权威专家们的指指点点，那么谁都不愿意去冒险了。

如果在科学领域研究并探索新兴产物，那么经历失败是在所难免的。

抛开研究经费的问题不谈，权威与专家们也应该营造合适的环境，去激发出后辈们更强大的挑战精神。

这与本章第1节“创造性思维”的内容相同。无论文理科都一样，文科需要企划之类的创新能力，而理科也需要有人去不断探索并证实新的假设。

说到“假设”，虽然看上去是“科学”的，但从文科的角度上来看，难免会被看作是一种偏执或者妄想。

学理科的人会拼命地运用理论去证明这些假设的可能性，实际上，这些假设中有很多非常人能理解的地方。只不过有很多学理科的人会去考证其真实性。

总而言之，发挥挑战精神需要更多的自由和宽容。

建立“理科人才不相互妒忌”的学术文化

在企业中，一些员工，尤其是制定预算的员工大多是文科生，有时候他们根本不明白理科生到底在做什么。

正因为如此，文科生与理科生每每为创建企业文化体系而产生争论，从某种程度上来说，这本身就是一种内耗。

年轻人对于“挑战”的看法有两种，一是挑战发明和创新，还有一种是为了骗取经费而伪装自己。同行业领域的竞争者之间相互抨击，无论如何，这都不利于整个行业的发展。

在网络上大致搜索一下同行业者，基本上都会出现相互抨击的消息。这是丑恶的，是人们嫉妒心强烈的表现。

理科上的发明、创新与年龄和学历无关

理科生能够比文科生更早地显现出才能，这说明发明与创新大多与年龄无关。请大家不要误解这一点。

爱因斯坦撰写那篇获诺贝尔奖的论文时才25岁，当时的他正在伯尔尼联邦专利局工作。

他没考上瑞士最好的大学，用日本的老话说，他去了国立大学二期校，而且成绩并不突出。

爱因斯坦进入联邦专利局之后，一边工作一边写论文。后来，他的论文震惊了全世界。

年轻时各方面表现并不出众的爱因斯坦，在默默无闻时期写下的论文，却对之后世界近百年的发展产生了深远的影响。

眼下的日本学术界，大多只看重从东京大学或京都

大学毕业的理科生，认为只有他们才有可能获得诺贝尔奖，最近日本的名古屋大学终于也挤进来了。但是，“唯有可以与旧时的帝国大学比肩的学府走出的毕业生，才有可能获得诺贝尔奖”的老观念仍然残存，而且那些精英们普遍都带有这样的偏见。

理科研究者的意识尚待提高

中村修二是最近因发明蓝光二极管而获得诺贝尔奖的三名日本科学家之一。他是德岛大学工学部的毕业生，祖籍在爱媛县。他自德岛大学本科毕业后，由于没能考上京都大学研究生部，于是就进入了日亚化学工业株式会社工作，进行独立研究。

但是，即便中村修二发明了蓝光二极管，公司却以“是公司提供了经费让中村进行研究”为由，仅仅给了中村两万日元奖金而已。

中村的研究成果让企业狂赚了几千亿日元，而日亚化工却这般“抠门”，以致连法院都看不下去了，命令日亚化工向中村支付两百亿日元报酬。日本人总是有些贪婪，最终，和解金变成了大约八亿日元。

后来，中村修二去了美国西海岸某所高校担任大学教授，同事们戏称他是“奴隶中村”，因为他们认为，那么伟大的发明却仅仅换来两万日元的奖金实在太不可思议了，中村简直被企业当成了奴隶，甚至还不如奴隶。饱受口舌纷扰的中村最终决定，用提起诉讼的方式“改变日本的风气”。

当然了，企业也有自己的说辞，认为中村是借助了企业的体制、人员、器材、场地等，在“高层的慈悲”下进行研究而得出了成果。

德岛大学难得出了一位诺贝尔获奖者，而他本人的行事风格在日本却普遍不被接受，“逃到”海外的大学去执教是个不错的选择，他自己的思维模式也应该发生了很大的转变。

总之，日本的学术界至今仍残存着“学历主义”，学术权威们仍然主宰着整个学术界。这和政府部门、军队非常相像。

但是，非精英大学也有可能出现优秀的人才，这一点是毋庸置疑的，学术界的权威学者们也应该清醒地认识到这一点。

过度录用高学历人才，使企业出现弊害

我的企业在创立之初录用了许多高学历的人才，现在看来，涉及企业决策的职位，以及政府部门、大型企业的管理职位或许才更适合他们。

这些高学历人才普遍无法胜任一般企业中的谈判、

沟通、处理业务等一般性工作，他们大多也希望担任企业中高层的职务，“传道”能力很低。

纵观其他企业，创立者们大多要么是小学毕业或者大学中途退学的，要么是初中、高中肄业的。拥有大学学历的大企业创立者非常少见。大多数情况下，继任的第二代、第三代管理者是大学毕业生。

然而我的企业始终秉承着特有的企业文化，员工学历普遍较高，这显然能让企业的运作井然有序，也因此出现了机动力和创新能力偏低的问题。

但是，有些特殊岗位录用的职员、因某个契机加入团队的职员，还有起初并不显山露水的职员，他们往往学历一般，但在长期的工作中表现得越来越突出。

特别是有些有着显著弱点的员工，反而更善于处理日常业务或者为客户提供服务。

不善于与人接触的知识分子的问题

百货商店的一楼通常遍布着资生堂之类的化妆品专柜，年轻漂亮的销售小姐为客人们化妆、做美甲，用各种方式推销自家的产品。

那么，如果让东京大学法学部、工学部的毕业生们站成一排去接待顾客推销商品的话，又会是什么样的场面呢？恐怕这画面简直让人连想都不愿意想。如果真的是这样，单单这一点，就足够让百货商店“关门大吉”了。

因为，那些名牌学校毕业的人，他们基本上都是善于读书和学习的知识分子，不擅长与人接触，更不知道怎么建立良好的人际关系。

当然了，在大型组织里有掌控全局的、把握方向的、制定法则的部门让他们施展才华。但是那些与人接触的岗位，需要一些感性的、善于与人沟通的职员。

在这方面，针对我的集团在人员构成上出现的些许失误，我是要负主要责任的。

我最初也偏向于选择高学历知识分子作为员工，所以在企业建立初期，我录用了大批精英职员。然而问题在于，别人的成功模式未必适合自己，部分岗位更需要一些善于与人面对面沟通、交涉、头脑灵活的职员。结果，我们却录用了太多适合在管理部门、研究部门担任主要职务的职员。目前这已经成了我公司的弱点之一。

适当地改变组织结构，转变现有职员的思想

我的公司里有很多人都很善于学习，他们可以像海绵一样汲取知识。但是，光汲取知识是不够的，还要把

它当作工具，应用在实际工作当中。然而，并不是所有人都能做到这一点。

虽说学海无涯，但是，倘若企业里“永远的学生”太多，则会成为企业的弱点。

也就是说，一般人能够做到的，他们做不到。他们只会书上的知识，不懂得人情世故，不知道该如何去体会对方的感受，或者不明白客户的反应是高兴还是厌恶。这种情况的发生很让人无奈，在这种情况下，企业必须要适当地改变组织架构，转变现有职员的思想。

对于政府官员或者在大型企业总部工作的人来说，这是最基本的思考。让那些“学霸”级别的员工掌管接待部门的指挥权是危险的，他们极有可能造成工作的全面停滞。

比如前面说到的百货商店化妆品柜台。通常，柜员小姐会站在柜台旁边向顾客建议怎么化妆更漂亮。可是那些只会学习的员工往往会从事实的角度解释得过多，尽说些“关于用了这个产品是否让您变得漂亮，我们并没有科学依据，不过我们会进行一系列的实验，并把实验结果送到研究所进行检测，一个月后向您反馈检测结果，届时请再来一次”之类的话。

这么一来，商品怎么可能卖得出去？

实际上，如果想更好地为顾客提供服务，销售员应该抛却自己的主观想法，向顾客推荐产品的时候说“这款颜色最适合您，能让您显得更年轻，看上去更漂亮”才对。“只有送到研究所进行检测才知道”的话虽说相对严密，却完全不合时宜，只会让听了这番话的顾客讨厌这个品牌。

有了这样的店员，企业倒闭只是早晚的事儿。

“便利店咖啡”的出现被看作是与咖啡店的竞争

类似情况在其他部门、其他企业，甚至是政府部门都时有发生，但很多人未必能意识到自己就是那个当事者。所以，大家最好看看那些“理所当然地做着自己认为理所当然的事情”的人都在干什么，以此来警醒自己。

不要把眼光局限到自己的工作上，也不要一味地思考眼前的事情。要开阔眼界，看看其他人是怎么工作的，多看看世界上那些让你感到惊讶的、不可思议的行为。

比如，以前仅销售罐装咖啡的便利店现在开始贩卖咖啡，虽说店里只放了两三把椅子，但已足够让人为那些传统的咖啡店的前景担忧了。

虽然便利店还是以自助服务为主，但如果能够坐着喝上一杯咖啡，顾客的体验也会与以前大不一样。而且，便利店的咖啡用的不是速溶咖啡，而是用滴漏式咖啡壶冲泡的，比一般的罐装咖啡更美味。仅凭这一点，也足以让顾客满意了。

现在，许多咖啡店的生意都很不好，顾客寥寥无几。

那些不明白“在便利店放置了供客人坐下喝咖啡的椅子”意味着什么的传统咖啡店店主，说不定哪天就会突然面临“倒闭”的困局。

所以说，一些本来和自己毫无竞争关系的人，有时会突然成为竞争对手，要从各个方面留心观察别人们是怎么工作的，观察他们都专注在哪些事情上。

敏锐捕捉顾客的表情，采用不同接待方式的服务业

从事服务业的人会格外敏锐。比如在美容院、理发店工作的人，通常不用顾客开口就能做出准确的判断，因为他们能敏锐地捕捉到顾客的表情。而那些等顾客开口说才能够提供服务的服务人员，服务水平已经是相当低的了。

优秀的服务人员，能够根据对方的表情采用不同的接待方式，并及时提供对方需要的服务。这既需要工作经验，也需要天资。更重要的是，他们身上都需要拥有一定程度的“艺术品位”。

我们也需要朝着这方面而努力，用一种方式接待所有顾客是很危险的。

卸下学术的铠甲，营造自由讨论的氛围

回过头来说，针对“如何提高学术上的创造性”这个问题，我要说的是，目前的学术界在整体上已然“发霉”，很多学术机构中都弥漫着披着铠甲上阵杀敌的战争氛围。要提高学术上的创造性，就要先学着卸下铠甲，营造出自由讨论的氛围。

美国苹果公司创立之初的自由氛围，应该被学术界所接纳。

那是一种不惧权威，不被先例束缚，敢于挑战权威的思维模式。

年轻人也好，低学历的人也好，他们都有可能提出富有创造性的观点，不要轻易忽视了它。

第七章

未来需要什么样的发明

1 “未来产业学”要从一点一滴开始积累

之前，我针对“创造力”的重要性，以及如何培养“创造性思维”做了详细的论述，而在这两者的基础上，如何将自己的创造力付诸实践，也是值得研究的课题。所以，接下来，我想以“未来需要什么样的发明”为主题，来进行一场“脑洞大开”的头脑风暴。

我认为，想问题的出发点最终不应该是“自我”，而必须是“消费者”。归根结底，实际购买、使用产品的顾客才最能够感受到产品的哪些方面存在着不便。唯有让消费者能够感到“方便”“想买”，才能将产品销售出去，这才是最重要的。

有时候在某个项目中，最初的预算可能并不那么充裕，即使已经考虑到项目中可能需要一些大型设备，也会因为预算不足而放弃采购。在面对这种情况时，可以从“对现有的东西做一些改善和优化”的出发点思考。然后将优化后的东西推广给一些企业，并以此获得一定的收入。在这个过程中，当事人不仅可以不断积累财富，还能不断挑战自己。如果能拥有这种精神也挺好。

所以，与其一开始就大手笔地投入预算去启动大项目，不如在此之前先对既存的东西进行一些“优化”或者“改良”。

比如，在面包里加上豆沙就成了“豆沙面包”，一个小小的“优化”就创造出了新的产品，并且流传了上百年。

还有，在我小时候，女生基本都穿着连体泳衣，而现在，分体式泳衣渐渐占领主流。据说分体式泳衣的发明，是从“尿片”上找到的灵感。诸如此类的例子有很多，从一个小小的“改良”就能发明出新的商品，而且这样的新商品也能逐渐发展成大事业。

所以，并不是说从一开始就谋划宏图大业才能顺利推进工作，反而是那些借鉴其他行业的创意和想法更加有价值。

接下来，关于“未来需要什么样的发明”，我希望大家尽可能多地提出“无聊”“愚蠢”的问题，然后我们就这个问题是否具有可行性来进行讨论。

2 发明出“性别转换装置”的可能性

Q1：我的提问可能涉及一些伦理问题，希望大家不要考虑过多。

众所周知，变性手术是相当困难的。在此我想问，未来如果能创造出类似“性别转换”功能的设备会怎样呢？

“潜在市场”或许已经形成

要说发明一个类似的机器的话，应该没有这个必要。因为这更偏向于一个人的兴趣问题，即使没有设备，也不会有太大的影响，所以更没必要特意为此发明出这样一种机器。我认为，“男性充当女性的角色”“女性充当男性的角色”这件事情本身并不是那么困难，在日常生活中很常见，不需要特意发明一种机器帮助“变性”。

即使是“男性之间的同性恋爱”，也可以两个人一起探讨相爱相伴的方法。但是，在“繁衍后代”的层面上，女性扮演不了男性的角色，男性也扮演不了女性的角色。除了人体的生殖功能，也就是说除了“生孩子”以外，还有很多需要考虑的事情。

就算科学家们研究出了这种机器，想把它投入市场运用也是有难度的。与其说有“潜在市场”，不如说它被运用在一些特殊场所的可能性会更大。

虽然我对于这一领域也不是非常了解，但在研发之前，研发者们也应该先做一番简单的市场调研。对于已经被发明出来的东西，和想要被发明出来的东西，市场调研会给出一个相对真实和客观的判断。

况且，现在社会上已经存在不少男性扮演女性角色的俱乐部，也有女性扮演男性角色的俱乐部。所以，现在已经存在许多相对稳定、成熟的“技巧”，并且已被人所肯定。

另外，男性只要注射女性荷尔蒙，女性的特征可能就会越来越明显，人也会慢慢变得女性化。从这个意义上来说，我认为这个问题还是有可行性的。

3　睡眠时间可以再缩减吗?

Q2：我认为，未来人类可以缩短睡眠时间，来增加更多可以被我们自由分配的时间。

为了缩短睡眠时间，为了起床后更加充满活力，为了可以不断尝试各种以前没涉猎过的领域，是不是未来应该发明一种药物或者机器之类的东 西?

需求的方向在于“如何增加睡眠时间”

我觉得你说反了，发明新事物的出发点应该是让人拥有更加充沛的睡眠时间。因为“缩短睡眠时间”对人们来说就像是回到了旧社会一样。工业革命之前，人们贪黑起早，披星戴月地工作，却仍然满足不了温饱这样的最低需求。无论是煤矿劳动者也好，纺织女工也罢，人们都必须一大早就起床劳作，从早忙到晚，时间总是不够用。

比如，对于工作到深夜的母亲来说，大清早就起床已经很辛苦，所以，做早餐就变成了一项沉重的负担。但是，自从有了电饭锅，特别是有预约煮饭功能的电饭锅被发明出来以后，母亲就不用那么早起床了。

因此，比起能够研制出“缩短睡眠时间”的发明，还不如直接研究“不用起床就能做好事情”的发明来得更实在。在睡觉的时候同时还能做好所有的事情，我想这样的发明会有很多人感兴趣。

所以说，市场需求跟你说的恰恰相反，应该是发明出“如何让睡眠时间更加充足”的机器或药物才对。

比如，如果能发明出“既能多睡一小时，又能通过英语一级考试”的方法，需求量会非常大，如果说换作是“如何缩短睡眠时间，来顺利通过考试”的方法，这似乎就不需要特意花工夫去发明了吧。

虽然这种发明听起来有些懒惰，但我认为，“在懒惰中提高效率”这一点，才能让人觉得这个发明是值得的。“更加勤勉”是一种无奈之下的最终手段。当然，如果你对工作到了一种“欲罢不能”的程度，不眠不休也无可厚非。不过，我认为“边休息边工作”，或者“边偷懒边工作边提高效率”才是我们更需要的。

发展“能不能一边睡觉一边做事情”这样的“逆向思维”

轮胎作为前进的工具，虽然在很早以前就已经被发明出来了，但将其发展并活用的最好例子应该是“水车”。

流动的河水能让水车转动起来，人们利用水的能量去推动石磨。这样一来，只要河水流动不止，石磨就能不断地磨粉，从此以后，人们不用起床也能磨粉了。

在水车被发明出来之前，人们把推石磨的杆和马等家畜捆绑在一起，挥舞鞭子驱动家畜拉石磨。这种方法不仅效率低，而且无论对人还是家畜来说，都是一种体能和时间上的消耗。而一旦有了水车，让河水来推动石磨就轻松多了。

减少睡眠时间，虽然也有办法能够让人精力充沛地投入到工作中去，可要是因此而导致早衰，甚至是过劳死那就得不偿失了。如果想做更多的事情，不妨想一想有什么办法能“一边睡觉一边做事情”，这样的逆向思维才更可取。

例如，部分物理实验或者化学实验所耗费的时间特别长，而且又需要有人一直在旁边观察、等候实验结果的出现，这既费时又耗力。如果有什么好的方法出现，可以改变这一现状，我猜应该会受到大家欢迎。

再比如说，“防盗摄像头”出现之后，警卫的工作就变得相对轻松便捷了不少。

“不眠不休”能够创造出附加价值吗？

从某个角度来说，“不眠不休，精神饱满地奋斗”

是一种偏向于超人式的想法。据说，瑜伽行者、苦行僧们能够几十年不睡觉，不知道是真是假。

那么，几十年不睡觉，他们又在干什么呢？估计其中的大多数时间并没有在做什么特别的事情。因此，说到“不眠不休会不会产生附加值”这一点，我是持保留意见的。

其实，人类在睡眠期间，实则是在进行自我充电、放松，这是很有意义的事情。所以，对于“不睡觉”，用长远的目光来看的话，恐怕会对自己的身体健康产生不小的负面影响。

通过吃药或别的方法固然能人为地减少睡眠时间，可一旦身体适应了这种状态，效率是会降低的。

虽然睡眠过度也会让人迷迷糊糊的，但我们要做的，应该是想一想如何在保证有更多的睡眠时间的同时，又能提高效率。

比如“拿破仑式的睡眠”，一天只睡3小时，像这种单纯地缩短睡眠时间的做法，可能归根结底只是人类的一种理想化状态。而醒着的21个小时我们要做什么呢？恐怕只是做很多根本没必要做的工作。从经营管理角度来说，这么做的意义并不不大。

所以综合来看，思考“获得更多睡眠时间的方法”或者是“边休息边工作的方法”才更加合理。

比如，拿正在现场拍摄的摄像机为例的话，如果它的性能可以更好的话，哪怕摄影师睡着了，拍摄也不会因此中断。假如在拍摄中对焦发生偏移、拍摄质量受到影响时，如果设备能够自动发出一些提醒信号的话，或许对摄影师来说就更方便了。

另外，银行没必要专门花一笔钱去雇佣专业的警卫人员，他们可以给在银行工作的女职员们配备可以给衣服染色的彩球。当有人来抢劫银行的时候，职员们可以将球扔向那些劫匪。因为被染上的颜色是很难清洗掉的，所以哪怕劫匪逃逸了警方也能很快地抓到劫匪。

诸如此类，我们只要从稍微异于一般思维模式的角度去考虑问题，就会获益匪浅。

我个人并不认为一味地减少睡眠时间是件好事。但是，对于无论如何都不想睡太多的人而言，如果能够用减少的睡眠时间去做一些提高生产效率的事情，我也表示认同。

4 “使头脑变聪明的食物”存在吗?

Q3：发明一种使头脑变聪明的食物，或者在备考期间吃一粒可以在短期大幅度提高记忆力的药丸之类的东西怎么样?

中松博士发明的“使头脑变聪明的食物”

虽然并不是药物，但我相信这两者都已经被发明出来了，比如，中松博士已经发明出一种能使头脑变聪明的食物。他一直思索着：“如何能让大家变得像我一样聪明？”于是，他想到让大家食用和自己相同的食物。因此，他对自己三十五年以来所摄取的食物进行了成分的分析，并把这些营养成分经过一定的处理后，变成了可食用的食物。后来，他凭借这项发明获得了美国国际发明协会的冠军奖项，不过该协会的会长似乎是他本人。

这样的东西虽说已经被发明出来了，但是谁也证明不了吃了这种食物就一定能变聪明。不过，既然他本人都获奖了，我们就姑且信之吧。

提高记忆力的方法①——全面动员“五感”

关于“提高记忆力”这一点，在佛教中有一种方法，就是将经文诵读千万遍，使得头脑清晰记忆力增强，这个方法名为“求闻持法”。确实，通过反复诵读，或者通过发声来刺激大脑，以提升记忆力，这作用应该是不可否认的。

像之前我提到的“能不能发明一种只要吃一粒，记忆力就可以迅速提升的食物”，以我自身的经验来看，这是挺难实现的，因为记忆是需要通过睡眠来沉淀的。也就是说，在学习之后，每个人会通过休息和睡眠，来使记忆内容在大脑中有一个沉淀稳固的过程，从而进入一个更深层的记忆。

所谓的“吃了某种药就能够轻松记忆”，其本质不就是“临时抱佛脚”吗？但是，如果真的想要记住一样东西，就必须让昨天晚上的学习内容到次日清晨依旧停留在脑海，不然对考试和日后的知识运用将没有任何帮助。

虽然，一般广为人知的记忆方法是“反复记忆”，但我认为，“调动五感式的记忆法”更加合理有效。

这种记忆法指的是“不单用手，不单用眼睛，不单用耳朵，要调动所有的感官来记忆”的方法。这种记忆方法虽然比较原始，但它能够通过一些改良，升级为“在视线范围内，靠着不停地以记录便条的方式来帮助记忆”。有的人会将重要的事情写在纸上，然后将其贴在自己视线范围内来记忆；还有的人会将要记忆的内容通过朗读，将其录制成音频文件保存起来。诸如此类的方法有很多种，但是“动员五感来记忆”绝对是个不错的记忆方法。

提高记忆力的方法②——在脑海中建立“整理柜”

当然，提升记忆力的训练方法多种多样。只不过，有的人能长久地记住要记的内容，有的人则只有短期记忆的能力，记忆新内容时过去记住的内容就忘掉了，要根据个人需求来进行区分。有人可以记住位数繁多的数字，也有的人记多少忘多少，到头来白忙活一场。

记忆耗时的长短，与需要记忆持久的程度有关。

我个人有一种方法，就是把大脑想象成一个有很多抽屉的整理柜，想象每个抽屉放什么样的东西，把记忆下来的内容整理归档。

如果把所有东西一股脑儿放进一个口袋里，就会大大降低空间的有效使用率，所以不妨用自己的想象，在大脑里营造出许许多多个抽屉，并有意识地把记忆内容整理归档，这样就能更合理有效地使用大脑空间了。

当然了，还有谐音双关法、故事记忆法以及关联记忆法等各种类型的记忆方法。

培养“巩固记忆的习惯”远远胜于服用药物

我们经常会在电视上看到类似促进大脑活性的药物的商业广告——“一粒药就能帮助强化记忆”，但时间一久，那些药物就不知不觉地销声匿迹了。

起初，人们会抱着试试看的心态买来尝试一下，可待证实确实没有效果之后，也就没有人再买了。这就是那些药物销声匿迹的原因。

“鱼类脂肪中所富含的DHA能够改善记忆力”的说法曾经风靡一时，相关产品也曾经供不应求过，但现在它们已经被人们忘却了。

世事皆如此，即使是名副其实的东西，反复使用也会渐渐失效，这个世界上并不存在永远有效的东西。

与其依靠这些药物，倒不如尽可能地保持生活规律，坚持适量的运动和稳定的睡眠，运用有效的记忆方法刺激大脑以提升记忆力，这才是最明智长远的选择。关于提高记忆力的方法，可能真没有办法单纯地以“发明”来解决。

如果造出“使大脑活性化”的药物

其实，人们对于这种需求的心情我是非常理解的。从某种意义上来说，可能真的存在 “只要吃一粒马上能够强化记忆”的东西吧。只要在药物中加入适当剂量的刺激性物质，完全能够达到这样的效果。

人们普遍认为糖分可以有效地刺激大脑，甚至有医学博士也声称“早上醒来后喝一杯糖水，能够迅速激活大脑”。所以，也有人推崇不吃早饭，认为早上仅喝一杯糖水便可以支持大脑正常工作到中午。

值得一提的是，有的医生认为“早上不吃早饭有损健康”“吃早饭不会变胖”等，但以我曾经成功减肥十公斤的经验来说，不吃早饭反而会让体重会明显减轻。除去早餐，保持一天两餐的生活习惯，基本上可以达到平均每个月瘦两公斤的目标，时间久了，就可以慢慢减轻体重。

但是，这样一来，上午这段时间的工作效率确实比较低，这是个不容忽视的事实。直到吃午餐之前，整个人都会感觉像在炼狱中一般，万分痛苦，甚至还会觉得时间过得非常慢。经调查显示，很多人都表示，在不吃早餐的情况下，确实有“工作毫无进展”或者“什么也学不进去”的情况出现。

也就是说，不摄取充足的营养，大脑的工作效率就会受到影响。其实，摄取的卡路里也可以在其他地方消耗掉，而我认为这个“摄取、消耗”的过程格外重要。

因此，如果想要一种药物能够起到“早上吃一粒就能够立刻活化大脑”的效果，只要里面含有“唤醒疲惫身体的元素”和“含有糖分或者维生素等能够给予大脑适当刺激的成分”就可以了。不过，类似这种效果的保健品在市场上已经有很多了吧。

另外，我们还可以将现有的产品做进一步的优化。比如说，“新维生素B1”刚问世时效果异常显著，但随着身体不断地摄取，效果似乎逐渐衰减了。因为，人们的身体会对药物产生抗体，如果不想办法改进旧产品推出新产品，那么旧产品就会逐渐被市场淘汰。

5 “杜绝脱发的发明”可能存在吗?

Q4：我想谈谈关于“返老还童”的话题。

前几天，我和美容院的美容师聊起“为什么男性会谢顶”的这个问题。

那位美容师在防止谢顶方面做了很多研究，包括药物介入、饮食改善和生活习惯重塑等等。但是，他似乎还不能拿出明确的结论。很多人都针对这个课题进行了研究和尝试，也都没有什么结论。

所谓“返老还童”，可能对于男性来说也就是防止脱发，对于女性来说也就是消除皱纹，这方面人类的需求非常大。

因此，如果从男性角度出发，我想问的是，能否发明出一种能够促进头发生长，帮助男性“返老还童”的东西？

容易脱发的男性需注意蛋白质和脂肪的摄取

我认为这种发明也不是不可能出现的。如今的老龄人口在逐年增加，他们可能会有这样的想法——如果看起来年轻一点，再就业也许就不会那么困难了。

我本人属于毛发旺盛到苦恼的类型，甚至到了一天要洗三次头的地步。据说，洗一次头发大概会掉一百根左右，一天洗三次也就是掉三百多根。一天三百根，三十天几千根，也就是说，一个月大概要掉一万多根头发。有人说“人类大约只有十万根头发”，这样一算，岂不是十个月下来我的头发就应该全部掉光了？可是并没有。

有些女性会通过尽量延长洗发周期的办法，尽可能减少掉发的数量，我想应该也有这样的男性吧。

即便是我，也曾经有过不断掉头发的时期。就在我刚才提到的减重的那段时间，我的额前曾开始大量脱发。由此我们可以发现，毛发的生长是以获取蛋白质、脂肪等充足的养分为前提的。一旦人体对这些养分摄取不足时，就有可能开始脱发。

很多男性都为脱发而苦恼，也有不少人不得不佩戴假发。

以前我住在公司的单身公寓里，当时同住的是一位四十多岁的单身前辈。我曾好奇他为什么不结婚，直到有一天，我不经意间路过洗衣房，看到他光秃秃的脑袋和洗衣机中不断旋转的假发，我大概知道原因了。原来他由于无法说出这个隐疾，所以一直没有结婚。

“雄性荷尔蒙”旺盛的人容易脱发

有数据表明，雄性荷尔蒙旺盛的人比较容易脱发，大多数脱发的人都精力比较旺盛。

因此，不要把脱发看成缺点，有些人年少谢顶，还有的人从四十岁开始脱发直到脑袋上寸草不生。我们可以将这样的情况理解为他们中的大多数人雄性荷尔蒙分泌十分旺盛，希望大家能够用积极的态度看待脱发问题。

也有人认为，谢顶的男性比满头白发的男性更没有女人缘。所以，在这个问题上，人类可能也需要一场“意识革命”。

假如让光头流行起来，让光头成为一种潮流，那么谢顶不就不是问题了吗？当然了，我并不是说鼓励大家

“出家”。

无论是戴假发还是织发，在当今的社会掩盖谢顶的办法还是有很多的。只是这可能需要人们花费一些精力和金钱，好在现在已经有这样的行业和技术存在了，对于谢顶，我们不至于束手无策。

不过，像刚才说起的那位前辈，偷偷把假发扔进洗衣机里洗，这样的场景，认识他的人无论是谁看见都会觉得震惊吧。

雌性荷尔蒙能够促进毛发生长，实际上女性的头发的确比男性的头发茂密。从这个角度来看，就不难发现，促使雌性荷尔蒙生长的必要成分就是蛋白质及脂肪，它们也是毛发生长所需的养分。因此，容易脱发的男性，必须尽可能多地摄取蛋白质和脂肪。

身体的烦恼基于“个人喜好”

人总有这样那样的烦恼，真要一一说起来，是没有尽头的。而烦恼的根源，就是“死心眼儿”。

什么时候进，什么时候退；需要什么，不需要什么。这完全属于“个人喜好”的范畴。重要的是，要接受现实。

就好比一个人谢顶了，那就要接受谢顶的现实。何况，谢顶了又如何呢！可以通过织发、植发来弥补，还可以通过戴假发来掩盖，甚至干脆剃个光头彰显个性也不错。谢顶的人也可以追求自己的幸福，大可以去找一个不介意谢顶的人作为自己的伴侣。重要的是，要想办法让对方明白一个问题——不能先入为主地看人。

人为什么要长头发呢？其实这让我很费解。头发这种东西长不长有什么关系？难道是因为没头发的人更容易感冒吗？

要是人类从一开始就没有头发的话，估计大家也就习惯成自然了。人身上有很多类似头发这种可有可无的东西存在，对此我深感不可思议。

而另一方面，我觉得人的身体上还缺少一些东西。比如如果人的后脑勺能多长一只眼睛岂不是很方便？哪怕人倒着走路也不会撞墙或者摔倒，再说，街上这么多车，每天都会发生不少交通事故。如果人的后脑勺能多长一只眼睛，那不仅方便，也更容易避免事故的发生。

还有，人的耳朵如果能像狗一样灵敏，就能够根据自己的需要，听到更远处的声音了。

所以说，人类的身体还是有很多值得“改造”的地方，而这些基本都和个人喜好有关。

这个社会并非只看外表，人要用实力说话

不管怎么说，在这个社会中，最终我们还是应该以实力论英雄。

同样是谢顶的人，根据他们自身条件的不同，人们对他们的看法自然也不一样。

都说女性不喜欢秃子，可要是这个秃子身家上亿，她们还会介意他的外表吗？

既然如此，那么比外表更重要的就是提高自己的能力，或者是掌握一门技能，让自己具备受人尊敬的资本。让自卑变成动力，激励自己去努力。

所以，有的人因为肥胖而苦恼，有的人因为清瘦而苦恼，有的人因为身材过于高大而苦恼。但是，只要那些“缺点”能驱使自己变得更加优秀，那么，那些烦恼

就不再是烦恼了。

比如说，个子太高的人，总会为地心引力而苦恼。觉得下雨的时候自己最先被淋到，他们的头还总容易撞到天花板上或者门框上。但事实上，个子高在部分人眼中分明是优点，是很多人梦寐以求的。因此，很多时候要转变角度看问题，这些你讨厌的“缺点”可能会在别的角度变为“优点”。

假如自身有缺陷，可以从其他方面弥补，也可以换个角度看待这个缺陷。

我们要找到排解烦恼的办法

其实，每个人都会有很多烦恼，所以，我们应该努力去寻找排解烦恼的办法。

以前有这样一种说法，一个人若戴上眼镜，就会显得很有学问。于是，学生时期的我一直很想戴眼镜。可是我的视力很好，所以为了戴眼镜我拼命地读书，盼着视力快点下降。可是直到现在我的视力还是一点没下降。

我想，这可能是因为我并不是在真的读书，而是在“看着书”。因为是仅仅在“盯着书”，所以视力才没有下降。

我觉得认真读书和阅览文字的人视力才会变差。可我并非如此，我是像照相机的镜头一样，眼睛一动不动地盯着书。这种“看书”的方式算是“形状辨别”。一见到写在某处的文字，即使不逐字逐句地进行语法分析，大概地看一下也就明白了它的意思。或许就是因为这样，我的视力才没有变差。

曾经听说过，在坐车的时候读书，眼睛要么会散光，要么会斜视，我被吓得不轻。但让我诧异的是，事实根本不是这样的。虽然我也会在坐车的时候看书，可我的眼睛并没有患上任何疾病。

上面我们说到谢顶，虽说谢顶的人有很多的烦恼，但谢顶可以通过生发、植发和戴假发之类的方法来补救。如果嫌那些方法太麻烦，不妨转变心态，争取在其他方面有所建树来弥补谢顶的缺陷，或者把谢顶堪称一种能让自己在夏天更凉快的“优点”。那么，让人烦恼的问题，也就迎刃而解了。

比如，一位东京大学理工部的教授，就算他谢顶了大家也不会在意。

从这个层面上来讲，人与人之间最重要的不是外貌的比较，而是实力的较量。

6 能够发明出使人类直接飞天的机器吗?

Q5：我们都知道《龙珠》这部漫画，《龙珠》里的主人公大呼一声“筋斗云”，“筋斗云”便出现了，主人公乘上筋斗云，“嗖”的一声就飞起来了。

另外，在《哈利·波特》中，也有“飞天扫帚”这样的交通工具，类似的还有超人、钢铁侠等。

我想像这些作品的主人公们一样，能够轻而易举地在空中飞翔，这不也正是人类的一种期望吗？所以，我想问的是，能否发明出可以让人直接飞天的东西呢？

人类飞天真的是一件“好事”吗?

人类对于飞翔的渴望，从很久以前就开始，一直延续至今。直到现在，我们在潜意识里还是有对自由飞翔的渴望。比如，我们在梦里会经常梦到自己飞起来。

在我上小学的时候，就经常做这样的梦。在梦里，会出现这样的场景：我从学校往家里飞的过程中，慢慢地越飞越低，就好像有人把我往下拽似的。我一边喊叫着，一边继续摇摇晃晃地勉强飞行。醒来以后，就会觉得好累。我想，大家应该都有过类似的经历吧。

实际上，个人飞天对技术的要求是很高的。虽然集体飞天的技术已经完全成熟了，但就目前的科技水平来说，个人飞天还是非常有难度的。我想，在不久的将来，飞行作为现代机械文明将会继续顺利、快速地发展下去，而个人飞天这个看上去有些荒诞的目标，应该迟早会达到。

不过，历史上曾经有过个人飞天的先例。早在1984年洛杉矶奥林匹克运动会的开幕式上，表演者就曾借助个人喷气式推进飞行装置——火箭传动器，腾空而起，盘旋于会场的上空。后来，他们被人们称为“火箭人”。

但是，我不知道像“火箭人”那样飞天，对于普通人而言究竟是不是真的好。实际上，我觉得那种体验未必很好，因为人在空中飞翔的时候应该是十分紧张的，生怕装置失灵突然坠落。

若能以某种方式将我们常说的“磁悬浮原理”应用于其他领域，说不定连飘浮于宇宙中的移动装置也能被制造出来。假设，以“飞毯”为基础，在其下方安装一个反重力装置，使其飘浮在半空中，这样的东西是有可能被制造出来的。再举一个最简单的例子，科学家们在地上安装一个反重力装置，使重物先飘浮起来，再建立一个轨道，让它在轨道上自由行驶，这能够节省很多人力搬运的步骤。

但是，针对“人类飞天是不是件好事”这个问题，我持保留意见。

我们可以展开想象，试想一下，一个人飞在空中的时候，会发生些什么状况？比如，在飞的时候可能会撞上鸟儿；可能会在偷窥别人隐私的时候，被人发现。总之，我觉得应该走在地上的人飞在天上没什么好事。

此外，自在地飞翔可能会使人心情舒畅，但是在飞的过程中，难免会出现一系列突发状况，比如在半途中失去动力掉下来或撞到障碍物，或是飞至高空因温度太低而被冻伤，又或者是因风力太大而发生意外等。一旦出现这些情况，飞行的人就会有生命危险。

所以，从人身安全的角度考虑，类似的技术应该被运用在交通工具的改良上。虽然我理解人类想飞上天的愿望，不过，万事还是要以安全为前提的。

控制地球引力，让人在空中移动

翱翔于天空，对人类来说，还是有好处的。

如果能创造出没有危险、可以让人类自由翱翔的环境的话，这样的未来将会充满无限可能。就像是在宇宙中，我们能自由地慢步、行走。要是周围没有障碍的话，飞翔也许会是一件很快乐的事情。

可是，我们的生活环境不似宇宙如此空旷，我们身边有许多人和障碍物。而当所有人都会飞的时候，无障碍飞行的愿望就不可能实现了，这也是令人非常困扰的地方。

对此，我认为，我们有必要做“操纵地球引力或地球磁场”这样的研究，以某种形式研究出与地球相关的类似磁力的原理，这才是重中之重。唯有做到能够自由地操控地球引力这一点，人们才能自由翱翔于天空，不是吗？

7 能够发明出“帮助人和宠物对话的机器”吗?

Q6：我认为，在这个丰富多彩的社会中，饲养宠物的家庭越来越多了。

因为主人有“想与自家宠物聊天”的心愿，所以，科学家们将来是否会研制出能帮助人和宠物进行对话的工具呢?

有人能和宠物对话吗?

提到和宠物对话，我觉得应该会挺吵的。而且，和宠物们的对话，也不一定说的都是些有意义的事情。因为人与宠物之间的智力是有差别的，所以，它们与人对话的内容就会与人们之间对话的内容有所不同。但总的来说，人还是可以与宠物进行对话的。据我所知，还有比人更爱说话的宠物存在。幸好，我们不懂它们的语言，只能听到“汪汪”或者“喵喵”的叫声，如果宠物真的能和人类沟通，那么我猜那些宠物能烦死人。

当然了，宠物之间的智力也是有差别的，就比如我家养着的几只兔子。有的兔子“雄辩”起来滔滔不绝，有的只会说傻话，还有的兔子永远默默无语。

我在无聊的时候，会试着和我的宠物们对话。不仅和兔子，还会和池塘里的鲤鱼交谈。当然了，也只说一些无关痛痒的事情。我会问问它们心情怎么样，说不定会从它们的表情或动作中接收到“天气真好啊”之类的回应，也有的会表达出“我肚子饿了”“我肚子不饿”“主人，好久不见”的意思。

这样的对话是可以进行的，但意义并不大。

能否造出“可以借助用以与宠物进行对话的机器”

说起人们能否借助机器和宠物对话这一问题，好像已经有人发明出了将“犬语”翻译成数百种人类语言的机器了。

从动物的发音来分析其感情并发明出翻译动物语言的机器，从某种程度上来说，也不是没有可能。至于翻译得是否准确，因为无法让对方确认，所以我们也不得而知。可不管怎么说，类似的翻译机器已经发明出来了。所以，在必要的时候，如果能再进一步做更细致深入的研究的话，说不定“宠物语言翻译机”真的能解决许多人面对的难题。

佛经里有记载，释迦牟尼能和世间万物对话，是因为他和万物心意相通。

剩下的问题，就是能否通过机器来和它们进行对话了。如果能制造出一种精密的机器，像唱片机的唱针一样感知动物的脑电波并翻译成人类的语言，那么，我们便能够通过机器知道它们在想什么，也能随时和它们交流，这样想来似乎会方便不少。

8 是否有必要发明“寻找遗失物品的机器”

Q7：在这个社会上，有人会经常性地丢东西。所以，在未来能否发明出可以“找寻遗物”的机器，让那些经常丢三落四的人不需要花费过多的时间来找东西呢?

有必要发明“找寻遗失物的机器”吗?

如果东西丢了找不到了，那最快捷的解决方法不应该是重新买一个吗？我感觉通过发明机器来寻找丢失的物品，成本似乎有些太高了。

一般来说，总被弄丢的东西，应该也不是什么重要的东西，因为重要的东西人们会特别小心地保管。那这些不重要的东西，就算丢了也没那么大不了的，就好比每年被遗落在地铁上的数十万把雨伞。所以，常常丢东西也不是什么重大的人格缺陷，在社会上总弄丢东西的人也是很常见的。所以，如果遗失的是伞之类的东西，我觉得与其发明机器来寻找，还不如再买一把新的。

当然了，若丢失的是类似钻戒这样有纪念意义的贵重物品的话，任谁都会拼命地寻找。但是，它们被偷或被捡走的可能性应该会更大，所以找回来是很难的，即便知道了下落也难以取回。

不管怎样，经常丢东西的人最好还是提前有所防范，不要随身携带贵重物品。我认为防止丢东西最好的办法还是多加留意。

关于“寻找丢失物品的机器”是否可以那么广泛地应用，至今我仍有质疑。贵重物品在大多数情况下是被盗走的，很难找回来；若丢的是便宜的东西，最好还是买新的。另外，即使丢的是贵重物品，如果它掉进了下水道里或河里，寻找起来应该会相当困难。

将东西找到是有可能的，但找到后要取回来或许就不那么简单了。

例如，把伞忘在了地铁上，在电车一圈一圈巡回运行的时候，即使通过机器能够找到伞丢在哪儿了，但要拿回来也是很困难的。

找寻丢失物品的方法

其实，有机会“丢东西”也算是一种富裕的证明，因为在这个社会上，还存在一些无物可丢的人。我认为，从某种意义上来说，放弃也是很重要的。也许你丢失的东西已经被更需要它的人拾到了。

如果事先把类似于GPS（全球定位系统）这样的东西安装到物品中的话，就算不小心遗失了，应该能很快地找到它们。所以，不妨给那些万万不能丢失的东西事先装上定位机器，这样失主就能够第一时间确认到它所在的位置了。

只是这样一来，人们就必须随身携带GPS的配套设备，这的确会有些麻烦，不过这也是一个有效预防物品丢失的办法。

还有别的预防办法。假如银行方面知道自己已经被抢劫犯盯上了，可以提前做好应对措施，比如事先将做了标记的钞票放入银行，一旦抢劫犯将这些钞票投放到市场上，立刻能被识别出来。

社会上总是有一些人们经常会丢的东西，就好比说自行车，即使车主人不丢钥匙，车子也会经常被偷。骑自行车上学或上班的人，一般都有过一两次车子被偷的经历。这种现象现在很普遍，所以也没多少人会去介意。如果一开始你就认为那是可能会丢的东西，最好还是事先准备好备用的交通工具。

9　“加速生长的方法”存在吗？

Q8：现在，越来越多的人在经营蔬菜工厂。我想问的是，有没有比“室内培育蔬菜”更进一步的技术，在提高蔬菜营养价值的同时，将蔬菜的生长速度提高，或者说是让植物快速生长的方法呢？

关于“蔬菜工厂”的话题

你说的这种方法，应该就像是《哆啦A梦》漫画中，类似“成长射线”一样的东西吧！虽然听上去很不可思议，但至少，我现在就知道，有些蔬菜工厂已经通过人工照明的方式，来促使植物以快于平时的几倍速度生长，从而促进植物的发育。

除此之外，人们还可以通过加快植物对养分摄取的速度来促进其生长。而现在，这些都已经成为现实。不过归根结底，我觉得无关于生长速度快慢，最终植物还是以质量好坏来接受评判的，这才是重点。

人们会质疑，究竟是快速成长的产品给人带来的好处更多，还是沐浴在自然界的阳光中自然生长的产品给人带来的好处更多。这个问题将会得到人们的广泛讨论。

在日光灯下培育的植物，和沐浴在阳光下成长的植物，在品质上是否会出现差异，这一类问题还是十分值得科学家们研究的。

比如，对于南极考察队而言，蔬菜如果能在那里生长的话，这应该是件非常值得庆幸的事情。而如果是在蔬菜供应量充足的城市里，人们关注的点就会从“有没有”变为“好不好”了。

历经二十年成长为大人的理由

“是否成长得越快就越好”这个问题，我回答不了。这就如同被问道：“一日之间长大是好事吗？”我真答不上来。

我们可以看看动画电影《辉夜姬物语》中主人公辉

夜姬的故事。她在短短的三个月间，就从婴孩成长为了妙龄女子，但这是不是好事，故事中也没给出明确答案。可在现实中，孩子要是能快点长大的话，这对家长来说或许是件好事吧。如果孩子都能像《辉夜姬物语》中的辉夜姬一样快速长大，那毫无疑问，就不存在母亲要一边工作，一边照顾孩子的情况出现了。

其实，在动物界中，生下来几小时后就能自己走路的动物不在少数。而人与那些动物在这一点上，相差很大。

我认为，在养育孩子上花费过多的时间是人类的弱点，但养育孩子也是父母的人生必修课。

养育孩子是相当复杂的过程，人们相信，在培养孩子上花费多少心血，就能结出多少果实，让孩子一生收益。

从被养育者的角度来看，父母在花费时间养育我们的同时，我们也一直在观察着父母对我们采取怎样的养育方法，默默学习着那些可能会有助于自己养育儿女的经验或者智慧。因此，关于孩子成长得快好还是慢好，我无法妄下定论。

小鸡从鸡蛋孵化出来散养长大，这是件很快乐的事情。当今社会的人们也普遍认同，应该让孩子自由成长。

不过，有一种思想却认为，孩子不应该在家庭中成长，而是应该在像工厂一样的大环境里接受众人的教育，他们认为工厂式的教育方式才是对孩子有益的。在这种培养模式下长大的孩子，长大后究竟会成为怎样的人，我们很难知道结果，也无从想象。

或许精心把孩子带大这件事，说得难听点，只是成就了自己，满足了自己的利益。但是，往好了说，这样的父母也把孩子当“珍珠”一样精心地养育着。

培养孩子与流程化孵育出小鸡相比还是有区别的，采取特别的培养手段就会产生与之相应的成果。

是否因材施教，培育出来的孩子肯定是有区别的。比如，即便是天才棒球手铃木一郎*，如果不是有一位热爱棒球运动的父亲坚持带他去击球训练场勤奋练习的话，恐怕他也不会有今天的成就。如果他的父亲没有对他的兴趣进行特殊培养，他就不会有这么成功的今天。

只有父母才能发掘孩子身上的才能，给孩子提供充分发挥的机会。孩子成年之后对于职业的选择，也深受父母职业的影响。也许正因为这样，成长才需要时间吧。

当然，孩子总会长大，当孩子对父母的依赖性不再那么强的时候，父母多少会有些失落，而这也造成了有些父母过分依赖孩子。但是，我们应该从积极的角度来思考孩子的成长速度是否合适。

---

* 铃木一郎：日本著名棒球选手，在日本连续七年荣获“优秀击球手”称号。

判断“快速成长是好是坏”的基准

之前说到的，宫崎骏的动画电影《辉夜姬物语》中有这样一段场景：在竹林中间，有一颗发光的竹子，一位老人劈开后，竹子里出现了一个手掌大小的小姑娘。这与母亲经历十月怀胎、阵痛分娩的过程完全不同。

老爷爷独自养育的小女孩儿，短短数月她就长大了，长成了亭亭玉立的姑娘。

老爷爷想着给小姑娘增加些“附加价值”，就想高价卖了她。于是老爷爷就用钱雇了佣人，在京城置办了房产，将小姑娘奉为公主。之后，便不断有王公大臣等有身份的人来向她求婚，甚至最终连皇帝都被吸引来了。老爷爷梦想着成为皇亲国戚，但结果，故事以小姑娘被天庭使者带回去而收场。

老爷爷企图把轻易得来的东西经过包装变成有价值的东西，也就是把从竹子里蹦出来的小姑娘奉为公主，让她嫁个好人家，借此提高自己的身份地位。

这样的事情，乍一看是小姑娘在报答老爷爷，但最终，小姑娘却被人带走了。所以，对老爷爷来说，那一切不过就是“黄粱一梦”罢了。

因此，通过“成长射线”的方式来促使植物早熟，这想法本身没什么问题。但是，这只能针对粮食的培育而言。如果是为了解决社会上的饥荒问题而加快粮食生长的速度也许是好事。但对于想要活着并且逐步经历成长过程的人来说，这实际上并不是件好事。

生活在城市的父母们，多半会尽早地进行胎教，他们想尽一切方法，让自己的孩子学习掌握各种知识技能，让别人看看自己的孩子是多么优秀。他们还希望这种“优秀”能够成为一种优势，让孩子尽早出人头地。

但实际上，不是每个孩子最后都能像父母期待的那样成功。

当然，也有这样的情况：父母在身边的时候孩子能够顺利成长，但是等到上大学和进入社会以后，父母已经不在身边时，孩子就逐渐放纵自己了。

从长远来的角度看，在成长初期孩子虽然会受到父母的影响，但最终他长大之后还是会显现出自己的独立人格。

关于“怎样的成长速度最合适”这个问题，我认为不同的生物有不同的成长规律。人类要是没必要非得花上二十年才能成长为大人的话，也许快速成长也是可以的。

只是，我认为快速长大的动物，多半寿命也很短，一生能够学到的东西也有限。

像现在，人的寿命可以达到上百岁，从某种程度上来说，有一段充足的“受教育经历”也不是坏事。而且，人们也很有必要接受教育。

所以，我想重申一次，或许促进蔬菜或粮食的成长速度是值得考虑的，但是，谈到“孩子的成长”，我觉得这还是一个非常严肃的话题，容不得走任何捷径。

10 是否会有“测量剩余身体能量”的机器

Q9：虽然我认为，当今医疗水平已经非常高了，但如果有这样一种机器，可以像电表测量出电池剩余电量那样，测量出“目前自己的身体里有多少剩余的能量，摄取的食物里有多少能量”的话，人们就能够进行自我健康管理。类似这样的东西，会被发明出来吗？

知晓自己“身体剩余能量”的方法

经常体检的人，一旦身体器官出现病变便可以尽早检查出来。而有些很久才做一次体检的人，等检查出身体异常已经晚了。通过及时接受血液检查等体检项目，我们能够在发病早期及时发现。

虽然我们都不知道是否能够发明出测量身体剩余能量的机器，但我们每个人对于自己的身体情况，还是有一定了解的。

当然，关于“到底有没有透支身体能量”这一问题，我们其实可以通过睡眠、营养、身体状态等方面来感知。我认为，我们应该全面了解自己当前的状况。

提高身体能量的食物和注意事项

在这个世界上存在许多能够维持人体所必需的能量的食物，我们可以通过食用这些东西来补充能量，例如营养型饮料、各种各样的营养保健品，或是其他被大众所熟知的可以补充“能量”的东西。

众所周知，大蒜具有驱除吸血鬼的作用。事实上，大蒜、韭菜、动物肝脏还有高丽参等食物中都有能够补充人体能量的成分。另外，中药里也有很多类似的成分，鹿茸就是其中之一。这种药物服用之后，人确实会感觉体内好像一下子充满了力量。我年轻的时候，在举行大型讲座的之前总会食用一些。

那些人们知道的可以“提神”的东西的的确确是有效果的。不过，无论是多有效的药物，一旦身体习惯它的药性了，在剂量不变的情况下，效果就会一点点地减少。这些东西若服用过量的话，就要多做“善后”工作了。比如说，大蒜吃多了口腔中会有“气味”，如果这时候去见重要的客人，就不太合适了。如果一个人习惯性地吃大蒜，虽然周围的人对这气味还可以忍受，但是长此以往，肯定是有损人际关系的。万事万物都存在两面性，大家要懂得适可而止这个道理。

一直以来，大家都知道“对付吸血鬼要用大蒜和十字架”，大蒜中确实含有能够提神的成分。所以说，通过提神，驱除负磁场的植物是确实存在的。

除此之外，还有些能够在短时间内转化成能量的食物，人在食用后体力能够暂时得到补充。可是，从长远角度来看，它们对身体是不利的。有些食物会导致人体肥胖。所以，关于它们的好坏我们不能一言蔽之。何况，从某种程度上来说，如何提高体力也与锻炼身体的方法有关。因此，更不能以偏概全。

努力为自己增添身体能量

很遗憾，人的身体能量并不能像测量放射线的含量那样，简单地被测出来。在世界上有很多东西是无法被机器检测出来的。

就拿我来说吧，我不能因为自己现在的身体剩余能量有那么多，就认为自己现在可以进行演讲了。这并不是数值高就可以去做的事情，而是要认真思考如何做和怎么做的问题。

如果当一个人的身体剩余能量不充足的时候，那就要依赖周围能给自己进行充电的人了。因为能量会从精力充沛的人流向精神萎靡的人，所以，那些人的力气、精神头就会进入我的体内。

我在面对成千上万的人进行演讲的时候，一定会耗费不少体力。因此，在举办演讲之前，我都必须像给蓄水池里蓄满水一样，为自己积攒能量。也许，这个调整才是难点。

事实上，如果人的体力不足的话，就会显得萎靡不振。

我在工作的时候，如果遇到非完成不可的工作，我就会强打精神奋战下去，所以不管是肉体还是精神，都会产生疲劳感。那时候，我往往就会有种力不从心的感觉。

归根结底，还是需要自己战胜负能量，所以我们必须要努力完善自身，否则是战胜不了困难的——我们必须要有这样的心理准备。

打个比方，“如果恶魔变强大的话，驱魔师也会输”。在一些电影中，就有“本想消除恶魔的神父反而被杀”的片段。

也就是说，假如对手弱，我们就能不费吹灰之力打败他；如果对手强，而自己能力不足的话，就会被打败。

由此可见，不论是体力的测定还是精神头的测定，都不可能像测量体温那样简单。

还是单纯地接受精神产物比较好

我感觉，现在的医学有些过于无视精神层面了，这太可惜了。

前几天，我看了一档关于一位美国脑外科医生Eben Alexander的电视节目。他是一位很著名的医生，他著的书销售量累积已达到200万册。

在书中，他详细地记录了自己曾经历过的死亡体验，他看到过在假死状态下人死亡瞬间的大脑断层扫描图片，他说：“在那种状态下，人是不可能记住死亡这个过程的，但那种感觉确实存在。”

在我们看来，可以单纯地考虑、接受的事情，如果因为过分执着于晦涩难懂的内容，似乎是在绕远路。

与其那样，倒不如不要考虑得过于复杂，不要遇到什么都非要使用机器做各种复杂的测量，将事情考虑得单纯一些更好，就像擦玻璃窗一样，擦拭干净它就变得透明，阳光就能很好地照射进来。

11 发现“新能源资源”的可能性

Q10：当今世界，各国都很重视能源的开发。德国和日本政府为了控制对核电站的开发，都大幅度提高了电价，有的地方还出台了“向安装了太阳能的家庭发放补助金”的政策，但我觉得，这些手段都不太具备实际意义。

我们都知道，在古代文明中曾经出现过从植物中提取能量供每个家庭使用的事例。我们能不能像将水电解成氢气和氧气一样，从植物、水或空气中提取能源来供给每个家庭使用呢？这样从宏观的角度出发能不能解决能源问题呢？

关于高度产业化社会中的能源开发的想法

其实，无论是这个世上的能源，还是力量和光，赐予这个世界生命的都是一样的东西，只不过是在不断循环而已。

也就是说，实际上万事万物的本源都是同样的物质，之后经过物质间的重新组合演变成了不同的物质，或者是由于物质本身没有变，只是形态发生了改变，才有了新的物质。但我们自己很难意识到这一点。

举一个最简单的例子，把牛粪贴到墙壁上晾干，然后将其燃烧，这就是最简单的能源转换。

人类从用这种低级方法来获取能源开始，发展到现在，已经有了各种各样的方法来获取能源。现代工业社会对于能源的需求量巨大，所以，大家应该意识到，现代社会文明在丰富了人类生活的同时，也应该处理好人类与自然能源之间的平衡。

例如，大家都知道运行磁悬浮列车所花费的能源是新干线的3倍，但是相应地，它也切实为人类社会带来了便利，这就说明这些能源的耗费还是值得的，同时人与自然也达到了平衡。

当然，如果我们想要减少能源的消耗，也是可以的，但因此导致的后果，就是各项社会活动也势必要受到影响，人们渐渐回归到原始生活，回归到自然的状态。那样一来，社会可能会倒退回“连生火也变得很难”的时代了。

只是，现代人总是意识不到这一点。

这个世界上到处都遍布着能源

此外，关于“新能源的获取方法”这个问题，我认为，其实这个世界上遍布着能源，我们可以通过各种各样的方法将其提取出来。只要科研水平能够进一步提高的话，这些都是可以实现的。

比如，如果仅仅是对核物质有不良反应的话，人们就会想办法，从核物质以外的东西中提取能源。要做到这一点，科学家们就必须运用物理学。我想，也许我们应该考虑对新能源提取方法做进一步的研究。

通常，有些看起来很普通的东西却蕴藏着巨大的能源。例如，天空刮起大风，就会释放出巨大的能量；洪水泛滥也会释放出巨大的能量——很多给人类生产生活带来危险的自然现象，都能产生巨大的能量。诸如此类，目前有许多东西都被人类进行了改造，实现了能源的转换，所以，通过研究，还是有可能找到新的环保型能源的。

只是，关于“能源是否能被稳定地供应”这一问题，我认为科学家们还必须要进行更加细致的研究。

目前，除了核能发电和以石油、煤炭、天然气为燃料进行的火力发电以外，还有许多发电方式，如风力发电、太阳能发电、地热发电以及潮汐发电（利用潮的涨落发电）等。或许，从“物质变为能量，能量形成物质”这个方程式来看，不仅仅是铀，许多其他材料应该都能够通过某种方式找到能源转换的方法。因此，我认为，人类如果对辐射有所顾忌的话，可以转而对其他物质进行研究。

例如，现在许多产品的外包装上都标示着卡路里含量，这是通过“燃烧该产品能释放多少能源”的方法计算出来的。换句话说，一切物质里都有卡路里，任何东西燃烧起来的时候，都能成为代替石油的能源。

利用自然灾害来进行能源转换的构思

基本上，新能源最根本的问题点在于是否可以成为稳定的能源。只要人类能开发出稳定的新能源，一切问题就都迎刃而解了。

在过去，人们通过燃烧树木获取能源，因此植树造林就显得尤为重要了。于是，人们就考虑：与其这样，我们或许可以研究一下“是否可以从水和空气中提取能源，因为它们是地球上最丰富的资源”。

之后，由于自然灾害很多，于是又有人在想：“是否能把自然灾害转化成一种能源呢？”

例如，在美国等国家每年都会发生多次飓风灾害，灾难会造成非常大的损失，所以美国人就必须研究消灭飓风的方法。我们可以研究出一种把飓风转化成能源的方法，因为能量一旦耗尽了飓风也就停了。洪水也是如此，科学家们可以思考如何把洪水转化成能源。

想办法把诸如此类具有破坏性的能源转换成安全的、能够维持生命的新能源是很有必要的。

日本是多火山国家，因此，我也有这样的疑问：什么时候才能实现最大程度的地热发电呢？

我一直认为，如果可以在消灭灾害的同时，将其作为能源储存起来，人类将会得到许多便利。

12 是否应该发明“带有感情”的机器人

Q11：我认为在未来，人类将会发明人型机器人。但是,人类是否应该发明出带有感情的机器人呢？

应对需求而产生的“能够表达感情”的机器人

制造带有感情的机器人也是欧美医学界的一个课题。

这个课题难就难在，在什么场合或是情况下，所谓的生命和灵魂才是被认可的，只拥有感情是否能成为拥有灵魂的证明。

虽然，现在人类已经制造出来的机器狗能够表达出定程度的感情，但机器狗和活物本质上还是有很大不同的。机器人被造出来之后，在使用过程中也会因为某些原因而出故障。虽然我们知道它们也会有所谓的“生老病死”。但是，正因为知道它们没有真正的生命，所以人们才不会像珍惜自己的宠物那样珍惜它们。或许人类觉得有必要才会去开发那些拥有想法、感情，能行动能表达，并且与人类相似的机器人。

特别是对于日本来说，制造出能够表达感情的机器人就更有必要了。想必很多人都认为与其训练猿猴，让猴子像人一样工作还不如使用机器人。从可行性上来看，让猿猴逐渐取代人是十分困难的。让它们当服务员的话，恐怕它们会把食物抓起来直接吃光。所以说，科学家们需要花工夫去制造出更接近于人类的机器人。

科学家们最开始研发的时候，必然是困难重重的。所以，可以先造个专门做某一项工作的、能力有限的机器人出来。然后在这个基础上，再慢慢深化、完善。

在丰田汽车工厂这样的企业装配线上，机器人已经和人类形成了良性竞争，或者说，机器人比人类更胜任精密仪器的制造工作。

机器人能够胜任重体力劳动和重复性劳动，这是值得庆贺的事。

随着机械化的不断深入，将来机器人可能会代替人类，替奶牛挤奶，然后再将挤完奶的奶牛自动送回奶牛场。这个项目在日本的北海道已经进入实验环节了。而工作人员要做的，只是通过监视器上的画面，管理机器的运作就可以了。

当然，牛也是有感情的，要是机器不擅于挤奶的话，奶牛就会暴躁；如果挤奶的动作控制不好，牛奶就挤不出来。所以，在调整技术细节这方面，科学家们还要做更多的研究。

重提“人类与机器人共存”的问题

未来，或许具有人类感情的机器人真的会被发明出来，比如宠物机器人之类的。

从目前的情况来看，“嘴又甜、又会揉肩膀、干活儿又勤快，在一个小时内保证让你的心情变好”的机器人，已经被科学家们制造出来了。

但是，正如电影里经常描绘的那样，到最后，机器人和人类的共存问题肯定会出现。

机器人的破坏力和杀伤力可能会超过人类。一旦人类制造出能力超越人类的机器人，他们是否能和人类共存就是个问题了。

在很多科幻小说中，都有关于“人类是否能够控制这些具有特殊能力的机器人”的内容。让机器人带有基本的人类感情是可以的，但这其中存在一个微妙的平衡问题。

也就是说，机器人实际上没有感情，但是，人类可以人为地让机器人表现出一些感情。

只是，是否有必要让机器人发展到像电影《猎杀代理人》*那样能够代替主人生活的程度，还是一个问题。

---

* 《猎杀代理人》：又名《未来战警》，是由乔纳森·莫斯托执导，布鲁斯·威利斯、拉妲·米契尔、詹姆斯·克伦威尔等主演的一部动作科幻电影，于2009年9月25日在美国上映。

13 未来产业学是由“发明学”衍生的

“改进现存事物”的设想是“发明学”的起源

“发明学”来源于对“创造出史上绝无的东西”的渴望。从改良既存的东西让它变得更加便利开始入手，这样既成本低、实效显，又能发挥作用。

就拿Panasonic来说，当年，松下幸之助与另外两个家人一起共同发明了“双灯头”。当时的电灯，都只有一个灯泡，要是一直开着就太亮了，所以经常要关掉。于是，他们就想了一个主意，把灯头分成了大灯头和小灯头两个。这种灯泡在我小的时候也用过，按一下开关，大的灯头就会灭掉，只剩下小灯头；睡觉的时候按两下开关，小灯头就会灭掉了。这项为了省电只开小灯头的发明，成了松下电器起家的开端。这就是一个在改良既存事物上下功夫从而发展成大事业的例子。

如前说到的分体式泳衣，其实是在尿布的基础上发明出来的。事实上，很多新产品都是通过改良、改革现有产品而诞生的，并不都是全新的发明。我们可以尝试把现有的事物变大、变小，也可以把不同的东西组合起来，这样都算得上是一种“发明”。

顺便一提，听说在一家叫作“味之素”的调味品公司发生过这样一件有趣的事情。在一次讨论如何提高销售额的会议上，一名刚入职不久的女员工说：“把盖子上的孔变大怎么样？”

当时，有人开玩笑说：“确实是因为洞太小，撒不出料。”于是，公司就按照这名女员工的提议改良了一下。结果，销售额果然上升了。

像这样，一个小小的创意就能衍生出很多可能的例子，生活中不是还有很多吗？

灵感的来源，是将不同性质的东西组合起来

还有一种做法是尝试把不同的东西组合起来。就拿前面说到的夹心面包为例，欧洲只有简单的面包，日本有馅饼，两者相结合便成了夹心面包，而且这种“结合”已经延续了一百多年了。

虽说饼是饼，面包是面包，一种是日式的，一种是西式的，但当这两种不同的东西组合起来之后，一种新的食物便诞生了。

所谓的“原味料理”（新式料理）也是同样的道

理，它是将法国料理与日本料理相结合，成为一种相对健康的法国料理。也就是说，要试着用心去运用“组合的精妙”，从新的视点进行尝试，创造出新的发明。

通过转变思想而产生创意，创造出比当前更好的东西，并以此为基础进一步谋发展是完全可能的。

集思广益使创意“连发”

如果你认为企业家的工作就是利用现有的人才、指挥员工、调度资金、动用各种各样的关系那就错了。我认为，企业家的本质其实是谋士。基本上，缺乏创意的人创造不出新的附加价值，也不会有新的发明创造。所以说，对企业家而言创意是很重要的。

但是，如果说作为一名企业家脑子里就只有一个创意的话，就好像是一只仅有一发子弹的手枪，若不能一击即中的话，那就没有存在的价值了。若是这样的人要当企业家，实在是太难为他了。所以，若想让企业生存下去，企业家必须要有源源不断的创意。

创意不可能一发必中，只有像开机关枪一样，要保持连续射击，命中目标的可能性才大。接连不断的创意虽然看起来像散弹枪似的乱打一通，但创意本来就是必须连续“发射”才有可能命中的。

企业需要“brain storming”式的会议，翻译过来就是“头脑风暴”。企业要经常让员工们聚集在一起，抛却年龄、职务、性别的概念，不互相中伤或批评，让每个人都畅所欲言。只有创意频出的企业才能够持续不断地创造出新发明。从众多创意中找到最具可行性的一个并下决心执行，这样的企业才能不断发展壮大，才能创造出更大的附加价值。

要让“不互相贬低、多提意见、多提出新创意”成为企业文化。

努力将创意“实用化”“商品化”

我的企业设立了未来产业研究部，但在这个部门任职的人可能都不知道自己究竟该做些什么。首先，对于不知道自己该做什么的人来说，可以先让他们针对家里日常使用的东西，或是市面上的商品提出改良意见，讨论如何改良能够让它更先进、更方便。

然后，将创意转化成实物卖给企业或者实现创意产品化，以此获得收入，再把这些资金作为经费，研究出更高级别的新产品。

罗马不是一天建成的，我们不能从一开始就想着干大事。先从现有的东西入手，思考哪些地方可以改良。创意是多多益善的，在不断开会讨论创意的过程中，研究成果自然会越来越多。

在每天的生活中你应该时常会发现有些东西改良一下会更好。比如，牙膏快用完的时候怎么也挤不出来，有没有办法可以把牙膏筒里的牙膏挤得干干净净呢？你看，这一件小事就是个十分值得研究的课题，如果我们真能拿出研发成果完全可以将它卖给企业。

我还是觉得，我们应该从身边的事物入手思考创意的可能性，这点很重要。

据某项研究结果称，戴上眼镜会让人看起来很知性。如果能发明出一种眼镜能让看上去笨笨的女孩子一下子变得优雅又知性，销售额一定不错。还有，现在的眼镜只有2个镜片，若是做成3个镜片说不定也会流行起来。

总而言之，哪怕被嘲笑，也要像个机关枪一样把创意发射出去，生产出各种新产品。创意才是胜负的关键。一两个创意根本不够，唯有“遍地开花”的创意才能促使我们制造出新的东西来。

当被问到“什么是未来新能源”的时候，我通常只能举出一个例子。实际上，各种各样的物质都可以作为开发出新能源的研究对象。

我们可以从矿物中开发能源，也可以从眼虫藻中开发能源，各种各样的东西都可以是新能源的来源，问题在于我们思考的广度够不够宽泛。

与此同时，将创意实用化乃至商品化，并以此来回收资金也很重要。或者说，如果创意费也能成为一种收入，那么，未来产业的发展前景会更好。

后 记

没有比在世间创造出新价值更有意思的事情了！

做别人没做过的事。创造出世间没有过的东西。从“常识”中探寻“非常识”。

即便被嘲笑、被讽刺，只要一心努力，二十年后，你就是受全世界尊敬的新星。这是多么让人痛快的事情啊！

退出传统的精英之路，开辟属于自己的、崭新的精英之路才是真正精彩的人生。尊敬奇人、怪人，自己也努力成为令自己骄傲的人吧。没有“了不起的怪脾气”就无法鼓起勇气成为新文明的旗手。抛却恐惧，去挑战吧！

大川隆法